最初からそう教えてくれればいいのに！

図解！ Excel 関数の

ツボとコツがゼッタイにわかる本

薬師寺 国安 著

秀和システム

ダウンロードファイルについて

　本書での学習を始める前にサンプルファイル一式を、秀和システムのホームページから本書のサポートページへ移動し、ダウンロードしておいてください。ダウンロードファイルの内容は同梱の「はじめにお読みください.txt」に記載しております。

秀和システムの本書サポートページ

ホームページから本書のサポートページへ移動して、ダウンロードしてください。

URL　https://www.shuwasystem.co.jp/support/7980html/6938.html

はじめに

Excelの関数とは定型の計算を行うための数式です。

例えば、複数のセルの合計値を導き出したり、条件に合う項目を取り出したりできます。Excelの関数は手間のかかる処理を簡単に行うために利用する機能です。

Excelの関数の書式は、次のようになっています。

=関数名（引数1,引数2,……）

関数名にはこの書籍でも紹介している、SUMやAVERAGEなどの名前を入力します。引数は関数ごとに異なりますので、書籍を参考にしていただければと思います。

Excelの関数を使うと、**データに連番を振ったり、指定したセルの合計や平均を求めたり**できます。また**指定した条件に一致するデータの取り出し**もできます。

重複データを削除して一意のデータの抽出もできます。並べ替えなども行うことができます。

Excel関数を使うと、今まで時間のかかっていたことが、一瞬でできてしまい作業の効率化を図ることができます。

本書では扱っていませんが、Excel関数では、**串刺し計算**をすることもできます。串刺し計算では、複数のシートに入力されたデータをまとめて計算することができます。

串刺し計算は3D集計とも呼ばれ、複数シートの同一セルを**串刺し**するように重ねて集計する機能を指します。
便利な機能ですが、行うには各シートがすべて同じレイアウトである必要があります。

セルの位置や項目名が違うと串刺し計算ができません。

今回の書籍で解説している関数で、「串刺し計算」ができる関数は、SUM関数、AVERAGE関数、COUNT関数、MAX関数、MIN関数などです。

　これらの関数以外は、「串刺し計算」ができないので、注意してください。

　例えば、Sheet1 のシートに、Sheet2 と Sheet3 のシートにあるデータを SUM関数（合計を求める関数）を使って、串刺し計算をする場合にはまず、

・Sheet1 は Sheet2 と Sheet3 のデータを串刺し計算して合計を求めるシートとします。
・Sheet2、Sheet3、…の各シートにはそれぞれ各種データがあります。
・たとえば、Sheet2 と Sheet3 にある売上のデータの合計を Sheet1 のあるセルに表示させた場合には、Sheet1 のあるセルには「=SUM(Sheet2:Sheet3!A2:A5)」といったように使うことができます。Sheet3 のシートを選択する場合は、Shift キーを押しながら選択します。

　このように串刺し計算を使うと、複数の異なったシート間での計算ができるようになります。ただし、各シートがすべて同じレイアウトである必要があります。また、選択するセルの位置も同じである必要があります。

　本書では Windows 10 で Excel は Microsoft 365 の Excel を使用します。

　Excel関数は、日常の業務の簡略化を図るうえでは、避けては通ることはできません。この書籍を参考に、ぜひ Excel関数を使って日常の業務の効率化を図っていただければと思います。

令和5年　2月吉日　薬師寺国安

Chapter

03 合計、平均、データの個数を取得する関数を使いこなそう！

Chapter 04 日付・日数関数を使いこなそう！

Chapter 05 条件分岐・エラー処理関数を使いこなそう！

四捨五入、切り捨て、切り上げ関数を使いこなそう！

Chapter 06

Chapter

01

セル操作関数を
使いこなそう！

行方向のデータに連番を振りたい〜 ROW

 ## ROW関数の使い方

ROW関数を使うと行方向のデータに連番を振ることができます。

書式　ROW関数の書式

=ROW(参照)

参照にはセルまたはセルの範囲を指定します。

連番を振っていても、途中の行を削除すると、削除した行の番号が消え、連番でなくなってしまいます(画面1)。それを解消するためにROW関数を使ってみましょう。

画面1　NOの「6」を削除して歯抜けになり連番ではなくなった表

	A	B
1	**NO**	**氏名**
2	1	夏目団子
3	2	久利餡子
4	3	愛媛花子
5	4	阪神虎雄
6	5	服部伴蔵
7	7	佐々木小次郎
8	8	清少納言
9	9	聖徳太子
10	10	松尾芭蕉

　例えば画面2のような表があったとします。行方向にデータが入力されています。NOのセルに連番を振るには、A2とA3のセルに、それぞれ1と2の数値を入力して、二つのセルを選択したまま、A11までドラッグすると連番が振れます（画面3）。しかし、この場合は、どこかの行を削除すると連番は画面1のように歯抜け状態となってしまいます。

画面2　連番を振る表を用意した

	A	B
1	**NO**	**氏名**
2		夏目団子
3		久利餡子
4		愛媛花子
5		阪神虎雄
6		服部伴蔵
7		猿飛佐助
8		佐々木小次郎
9		清少納言
10		聖徳太子
11		松尾芭蕉

画面3　通常の方法で連番を振った

	A	B
1	**NO**	**氏名**
2	1	夏目団子
3	2	久利餡子
4	3	愛媛花子
5	4	阪神虎雄
6	5	服部伴蔵
7	6	猿飛佐助
8	7	佐々木小次郎
9	8	清少納言
10	9	聖徳太子
11	10	松尾芭蕉

　画面3で、7行目（NOは6）の「猿飛佐助」の行を削除すると、画面1のように、NOの「6」がなくなって連番ではなくなってしまいます。
　こういった場合にROW関数を使うと便利です。
　「NO」のA2のセルに、

```
=ROW()-1
```

と入力します（画面4）。
　-1しているのは、先頭行が項目名になっているので-1をしています。するとA2のセルに「1」と表示されます。

　画面4の状態から、Enterキーを押下すると、A2の「NO」のセルに1と表示されます（画面5）。

SUM	fx	=ROW()-1

	A	B	C
1	**NO**	**氏名**	
2	=ROW()-1		
3		入利餡子	
4		愛媛花子	
5		阪神虎雄	
6		服部伴蔵	
7		猿飛佐助	
8		佐々木小次郎	
9		清少納言	
10		聖徳太子	
11		松尾芭蕉	

A2	fx	=ROW()-1

	A	B	C
1	**NO**	**氏名**	
2	1	夏目団子	
3		入利餡子	
4		愛媛花子	
5		阪神虎雄	
6		服部伴蔵	
7		猿飛佐助	
8		佐々木小次郎	
9		清少納言	
10		聖徳太子	
11		松尾芭蕉	

　画面5の状態から、オートフィル機能を使って、A11まで数式をコピーしていけば、「NO」のセルに、1〜10までの連番が振られます（画面6）。

　ROW関数を使用した場合は、NOの行を削除しても、連番が歯抜けの状態にはならず、自動的に連番となります。しかし、新たに行を追加した場合には空白の行が追加されるだけで、自動的に連番は振られません。

画面6　連番が振られた

A2	fx	=ROW()-1

	A	B	C
1	**NO**	**氏名**	
2	1	夏目団子	
3	2	入利餡子	
4	3	愛媛花子	
5	4	阪神虎雄	
6	5	服部伴蔵	
7	6	猿飛佐助	
8	7	佐々木小次郎	
9	8	清少納言	
10	9	聖徳太子	
11	10	松尾芭蕉	

ROW関数では、行方向のデータに連番を振ることができるよ

行方向のデータの件数を知りたい〜 ROWS

 ROWS関数の使い方

ROWS関数を使うと行方向に入力された、データの件数を取得することができます。

書式　ROWS関数の書式

=ROWS(配列)

配列には行数を調べたいセル範囲または配列を指定します。

画面1のような、行方向にデータの入力された、社員名簿があったとします。この社員名簿から入力されているデータの件数を取得してみましょう。

画面1　社員名簿の表

	A	B	C	D	E	F	G
1	社員NO	氏名	性別	年齢		データ件数	
2	0001	夏目団子	男性	77			
3	0002	久利餡子	女性	55			
4	0003	愛媛花子	女性	48			
5	0004	阪神虎雄	男性	67			
6	0005	服部伴蔵	男性	88			
7	0006	猿飛佐助	男性	35			
8	0007	佐々木小次郎	男性	58			
9	0008	清少納言	女性	32			
10	0009	聖徳太子	男性	48			
11	0010	松尾芭蕉	男性	60			
12	0011	樋口一葉	女性	45			

G1 のセルに、

```
=ROWS(A2:D12)
```

と入力します（画面2）。

A2:D12はデータの入力されているセル範囲を指定しています。項目名は外して指定します。

画面2　データ件数を取得するROWS関数を指定した

	A	B	C	D	E	F	G	H
1	社員NO	氏名	性別	年齢		データ件数	=ROWS(A2:D12)	
2	0001	夏目団子	男性	77				
3	0002	久利餡子	女性	55				
4	0003	愛媛花子	女性	48				
5	0004	阪神虎雄	男性	67				
6	0005	服部伴蔵	男性	88				
7	0006	猿飛佐助	男性	35				
8	0007	佐々木小次郎	男性	58				
9	0008	清少納言	女性	32				
10	0009	聖徳太子	男性	48				
11	0010	松尾芭蕉	男性	60				
12	0011	樋口一葉	女性	45				

画面2の状態でEnterキーを押下すると、画面3のようにデータ件数が表示されます。

画面3　データ件数が表示された

G1		✕ ✓ fx	=ROWS(A2:D12)	

	A	B	C	D	E	F	G
1	社員NO	氏名	性別	年齢		データ件数	11
2	0001	夏目団子	男性	77			
3	0002	久利餡子	女性	55			

ROWS関数では、行方向に入力されているデータの件数を取得できる

データの行と列を入れ替えたい〜 TRANSPOSE

 TRANSPOSE関数の使い方

TRANSPOSE関数を使うと、データの行と列を入れ替えることができます。

> **書式　TRANSPOSE関数の書式**
>
> =TRANSPOSE(配列)

配列には、行と列を入れ替えるセルの範囲や配列を指定します。

行と列を入れ替えて表示させることで、データの見栄えを変更することができます。そのためにはTRANSPOSE関数を使用します。

例えば画面1のような表があったとします。これは社員の個人情報の表です。この表は12行4列の表になっています。

まず、行と列を入れ替えた表を表示させたい場所に、

```
=TRANSPOSE(A1:D12)
```

と入力します。

今回は、A14のセルにTRANSPOSE関数を指定します（画面2）。

配列には、セル範囲の「A1:D12」を指定しています。項目名も含めて指定します。

画面2の状態から Enter キーを押下すると、行と列が入れ替わってデータが表示されます（画面3）。

12行4列の表が、行列を入れ替えることで、4行12列の表に置き換わりました。

書式は無視して表示されますので、書式は筆者が設定しました。

画面1　社員個人情報の表

	A	B	C	D
1	社員NO	氏名	性別	年齢
2	0001	夏目団子	男性	77
3	0002	久利餡子	女性	55
4	0003	愛媛花子	女性	48
5	0004	阪神虎雄	男性	67
6	0005	服部伴蔵	男性	88
7	0006	猿飛佐助	男性	35
8	0007	佐々木小次	男性	58
9	0008	清少納言	女性	32
10	0009	聖徳太子	男性	48
11	0010	松尾芭蕉	男性	60
12	0011	樋口一葉	女性	45

画面2　A14 のセルに TRANSPOSE 関数を指定した

	A	B	C	D	E
1	社員NO	氏名	性別	年齢	
2	0001	夏目団子	男性	77	
3	0002	久利餡子	女性	55	
4	0003	愛媛花子	女性	48	
5	0004	阪神虎雄	男性	67	
6	0005	服部伴蔵	男性	88	
7	0006	猿飛佐助	男性	35	
8	0007	佐々木小次	男性	58	
9	0008	清少納言	女性	32	
10	0009	聖徳太子	男性	48	
11	0010	松尾芭蕉	男性	60	
12	0011	樋口一葉	女性	45	
13					
14	=TRANSPOSE(A1:D12)				

画面3　行と列が入れ替わって表示された

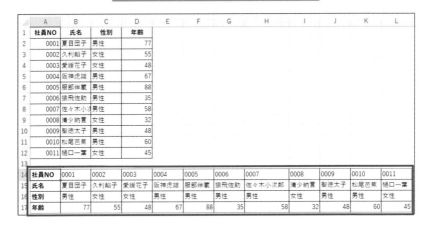

	A	B	C	D	E	F	G	H	I	J	K	L
1	社員NO	氏名	性別	年齢								
2	0001	夏目団子	男性	77								
3	0002	久利餡子	女性	55								
4	0003	愛媛花子	女性	48								
5	0004	阪神虎雄	男性	67								
6	0005	服部伴蔵	男性	88								
7	0006	猿飛佐助	男性	35								
8	0007	佐々木小次	男性	58								
9	0008	清少納言	女性	32								
10	0009	聖徳太子	男性	48								
11	0010	松尾芭蕉	男性	60								
12	0011	樋口一葉	女性	45								
13												
14	社員NO	0001	0002	0003	0004	0005	0006	0007	0008	0009	0010	0011
15	氏名	夏目団子	久利餡子	愛媛花子	阪神虎雄	服部伴蔵	猿飛佐助	佐々木小次郎	清少納言	聖徳太子	松尾芭蕉	樋口一葉
16	性別	男性	女性	女性	男性	男性	男性	男性	女性	男性	男性	女性
17	年齢	77	55	48	67	88	35	58	32	48	60	45

TRANSPOSE関数では、
行と列を入れ替えて表示
できるよ

列方向のデータに連番を振りたい〜 COLUMN

 ## COLUMN関数の使い方

COLUMN関数を使うと、列方向のデータに連番を振ることができます。

書式 COLUMN関数の書式

=COLUMN(参照)

参照にはセルまたはセルの範囲を指定します(必須)。

画面1のような表があったとします。「番号」と「氏名」の表です。横方向(列方向)にデータが入力されています。

画面1 「番号」と「氏名」の表

	A	B	C	D	E	F	G
1	番号						
2	氏名	薬師寺国安	夏目団子	阪神虎雄	久利餡子	猿飛佐助	服部伴蔵

「番号」のセルに連番を振るには、まず「B1」のセルに、

=COLUMN(B2)-1

と入力します(画面2)。

B2のセルは「薬師寺国安」という「氏名」が入力されているセルです。

-1しているのは、そのままの列数を取得してしまうと「2」列目になって

しまうため、-1して「番号」を1からの開始にしています。

画面2　B1のセルにCOLUMN関数を指定した

B2	✕ ✓ fx	=COLUMN(B2)-1					
	A	B	C	D	E	F	G
1	番号	=COLUMN(B2)-1					
2	氏名	薬師寺国安	夏目団子	阪神虎雄	久利餡子	猿飛佐助	服部伴蔵

画面2の状態から、Enterキーを押下すると、B1のセルに「1」と表示されます（画面3）。

画面3　B1のセルに1と表示された

B1	✕ ✓ fx	=COLUMN(B2)-1					
	A	B	C	D	E	F	G
1	番号	1					
2	氏名	薬師寺国安	夏目団子	阪神虎雄	久利餡子	猿飛佐助	服部伴蔵

オートフィルを使って、G1まで数式をコピーすると、「番号」の列に連番が振られます（画面4）。

画面4　列に連番が振られた

B1	✕ ✓ fx	=COLUMN(B2)-1					
	A	B	C	D	E	F	G
1	番号	1	2	3	4	5	6
2	氏名	薬師寺国安	夏目団子	阪神虎雄	久利餡子	猿飛佐助	服部伴蔵

画面4の状態から、どこかの列を削除しても、連番は自動的に振り直されます。しかし、列を挿入した場合は、空白のセルが挿入されるだけで、連番は振られません。

COLUMN関数では、列方向のデータに連番を振ることができるよ

列方向のデータの件数を知りたい〜 COLUMNS

 ## COLUMNS関数の使い方

COLUMNS関数を使うと、入力されているデータから、列方向のデータの件数を取得することができます。

書式　COLUMNS関数の書式

```
=COLUMNS(配列)
```

配列には列数を調べたい範囲または配列を指定します（必須）。

画面1のような表があったとします。列方向にデータが入力されています。科目別平均点の入力された表で、「科目数」を表示させるセルを用意して、このセル内に科目数である、データの件数を表示させてみます。

画面1　科目別平均点の入力された表

	A	B	C	D	E	F
1	科目別平均点					
2	数学	国語	英語	物理	化学	情報
3	65.5	78.8	85.6	62.1	70.3	77.6
5	科目数					

「科目数」のB5のセルに、

```
=COLUMNS(A3:F3)
```

と入力します（画面2）。

　配列には、各科目の平均点が入力されています。セル範囲の「A3:F3」を指定しています。

画面2　「科目数」のB5のセルにCOLUMNS関数を指定した

A3		f_x	=COLUMNS(A3:F3)		
	A	B	C	D	E	F
1	科目別平均点					
2	数学	国語	英語	物理	化学	情報
3	65.5	78.8	85.6	62.1	70.3	77.6
5	科目数	=COLUMNS(A3:F3)				

　画面2の状態から、Enterキーを押下すると、B5のセルに科目数が表示されます（画面3）。

画面3　科目数が表示された

B5		f_x	=COLUMNS(A3:F3)		
	A	B	C	D	E	F
1	科目別平均点					
2	数学	国語	英語	物理	化学	情報
3	65.5	78.8	85.6	62.1	70.3	77.6
5	科目数	6				

COLUMNS関数では、入力されているデータから、列方向のデータの件数を取得できるよ

Chapter

02

文字列操作関数を
使いこなそう！

文字の位置を取得したい（大文字、小文字の区別なし）〜 SEARCH

 SEARCH関数の使い方

SEARCH関数を使うと、指定した文字の位置を取得することができます。大文字と小文字の区別はありません。

書式　SEARCH関数の書式

=SEARCH(検索文字列, 対象, 開始位置)

検索文字列には、検索する文字列を指定します（必須）。対象には検索の対象となる文字列を指定します（必須）。開始位置には「対象のどの位置から検索を開始するかを指定します（任意）。

開始位置を指定した場合でも、対象の先頭文字からの位置が返されます。開始位置を省略した場合は先頭から検索して位置を返します。

例えば、画面1のような表があったとします。Microsof HoloLensの文字がMicrosoft FoloLensと間違って入力されています。

画面1　「検索対象文字列」から任意の文字を検索する表

	A	B	C
1	検索対象文字列		検索した文字位置（開始位置指定）
2	Microsoft FoloLens		
3			検索した文字位置（開始位置指定なし）
4			

　C2のセルに検索開始位置を指定して、

```
=SEARCH("F",A2,9)
```

と入力します。

　開始位置を指定して、「F」という文字の位置を検索します。

　A2の「Microsoft FoloLens」の文字列から、開始位置は9文字目の、「F」という文字のある位置を検索します。

　Microsoft FoloLensの中には、小文字大文字のfとFの文字が混在しています。SEARCH関数では、大文字小文字の区別は行いませんので、間違ったFの文字を探すために、文字位置を9に指定して、最初に見つかるfの文字以降の位置を指定しています。

　実際には、「Microsoft HoloLens」が正しいのですが、間違って「Microsoft FoloLens」と入力したと仮定して、間違った「F」の文字位置を取得してみます。

　次に、C4のセルには開始位置を指定しないで、

```
=SEARCH("F",A2)
```

と入力します。

　開始位置を指定しないで、「F」という文字の位置を検索します。

　すると、画面2のような結果が返されます。

画面2　検索した文字位置が返された

	A	B	C
			C2 ▼ ：× ✓ fx =SEARCH("f",A2,9)
	A	B	C
1	検索対象文字列		検索した文字位置（開始位置指定）
2	Microsoft FoloLens		11
3			検索した文字位置（開始位置指定なし）
4			8

　開始位置に「9」を指定した、

```
=SEARCH("F",A2,9)
```

では、開始位置9の直後に見つかった「F」の位置「11」を返しています。

　開始位置を指定しなかった、

```
=SEARCH("F",A2)
```

では、先頭から数えて最初に見つかった小文字のfの位置である「8」を返しています。
　文字位置が取得できれば、本章「06. 指定した位置の文字を置換したい」で紹介しているREPLACE関数を使って指定した位置の文字を、文字数を指定し「F」の文字を「H」の文字に置換できます。

SEARCH関数では、指定した文字の位置を取得できるよ。指定する文字には、大文字と小文字の区別はないよ

データを並べ替えたい ～ SORT

 SORT関数の使い方

　SORT関数を使うと、データの並べ替えを行うことができます。SORT関数はMicrosoft 365のExcelに対応した関数です。

書式　SORT関数の書式

=SORT(配列, 並べ替えインデックス, 並べ替え順序, 並べ替え基準)

　配列には、並べ替えるセル範囲または配列を指定します。

　並べ替えインデックスには、並べ替えの基準となる行または列を示す数値を指定します(既定は1)。省略可能です。

　並べ替え順序には、目的の並べ替え順序を示す数値を指定します。昇順の場合は1(既定)、降順の場合は-1を指定します。省略可能です。

　並べ替え基準には、目的の並べ替え方向を示す論理値を指定します。FALSE(既定値)の場合は、行で並べ替え、TRUEの場合は、列で並べ替えを行います。省略可能です。

　画面1のような、「氏名」と「点数」の入力された表があったとします。「点数」を降順でソートしてみましょう。

画面1　「氏名」と「点数」の表を用意した

	A	B	C	D	E
1	氏名	点数		氏名	点数
2	夏目団子	458			
3	久利餡子	678			
4	愛媛蜜柑	388			
5	服部伴蔵	420			
6	宮本武蔵	792			
7	清少納言	563			
8	阪神虎雄	615			
9	樋口一葉	412			

D2のセルに、

```
=SORT(A2:B9,2,-1,FALSE)
```

と指定します（画面2）。

　配列には、データの入力されているA2:B9のセル範囲を指定します。

　並べ替えインデックスには、並べ替えの基準となる、B列の「点数」を指定しますので「2」と指定します。

　並べ替え順序には、降順を指定しますので-1を指定します。

　並べ替え基準には、行で並べ替えを行いますのでFALSEを指定します。

　画面2の状態でEnterキーを押下すると、「点数」が降順で並べ替えられて表示されます（画面3）。

画面2　D2のセルにSORT関数を指定した

	A	B	C	D	E	F
1	氏名	点数		氏名	点数	
2	夏目団子	458		=SORT(A2:B9,-1,FALSE)		
3	久利飴子	678				
4	愛媛蜜柑	388				
5	服部伴蔵	420				
6	宮本武蔵	792				
7	清少納言	563				
8	阪神虎雄	615				
9	樋口一葉	412				

画面3　「点数」が降順で並べ替えられた

	D	E
	氏名	点数
	宮本武蔵	792
	久利飴子	678
	阪神虎雄	615
	清少納言	563
	夏目団子	458
	服部伴蔵	420
	樋口一葉	412
	愛媛蜜柑	388

SORT関数では、データの並べ替えを行うことができるよ

特定の文字の位置を取得したい（大文字、小文字の区別あり）〜 FIND

 FIND関数の使い方

FIND関数を使うと、指定した文字の位置を取得することができます。大文字と小文字を区別します。

書式　FIND関数の書式

=FIND(検索文字列, 対象, 開始位置)

検索文字列には、検索する文字列を指定します（必須）。

対象には検索の対象となる文字列を指定します（必須）。

開始位置には対象のどの位置から検索を開始するかを指定します（任意）。開始位置を指定した場合でも、対象の先頭文字からの位置が返されます。開始位置を省略した場合は先頭から検索して位置を返します。

画面1のような表があったとします。この「検索対象文字列」のセル内で大文字の「L」の位置を取得してみます。

画面1　「検索対象文字列」から任意の文字を検索する

	A	B	C
1	**検索対象文字列**		**検索した文字位置（開始位置指定）**
2	Microsoft HoloLens		
3			**検索した文字位置（開始位置指定なし）**
4			

C2のセルに、

```
=FIND("L",A2,13)
```

と入力します。

検索文字列には、大文字の「L」を指定します。

対象には、「検索対象文字列」のA2のセルを指定します。

開始位置には13を指定しています。

C4のセルには、開始位置を指定しないで、

```
=FIND("L",A2)
```

と入力します。

大文字の「L」は1個しか存在しないため、「開始位置指定」でも、「開始位置指定なし」の場合でも、同じ文字位置を返すことになります（画面2）。空白も1文字として数えます。

画面2　大文字の「L」を検索した結果

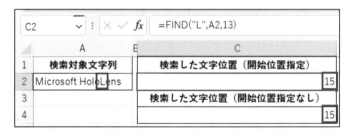

FIND関数では、指定した文字の位置を取得できるよ。指定する文字は、大文字、小文字を区別するよ

条件に一致するデータを取得したい〜 FILTER

 FILTER関数の使い方

　FILTER関数を使うと、指定した条件に一致するデータを取得することができます。この関数はMicrosoft 365のExcelに対応した関数です。

書式　FILTER関数の書式

=FILTER(配列 , 含む , 空の場合)

　配列には、フィルター処理するセル範囲または配列を指定します（必須）。
　含むには、抽出する条件を指定します（必須）。
　空の場合には、指定した条件にあうデータが空のときに返す値を指定します（省略可能）。
　画面1のような売上表があったとします。フィルターのセルと、フィルターに一致するデータを表示するセルを用意しておきます。

画面1　条件に一致するデータを取得する表

	A	B	C	D	E	F	G	H	I
1	商品名	担当	売上		フィルター		商品名	担当	売上
2	デスクトップパソコン	服部	2500000		タブレット				
3	ノートパソコン	猿飛	4550000						
4	タブレット	夏目	3800000						
5	デスクトップパソコン	猿飛	1750000						
6	ノートパソコン	夏目	3850000						
7	タブレット	服部	5500000						

G2のセルに、

```
=FILTER(A2:C7,A2:A7=E2, "")
```

と入力します（画面2）。

　配列には、データの入力されている A2:C7 のセル範囲を指定します。

　含むには、「商品名」のセル範囲である、A2:A7 が「フィルター」に指定しているE2のセルに入力されている値である、「タブレット」に一致するデータを抽出するよう

```
A2:A7=E2
```

と指定します。

　空の場合のデータが無い場合には、空白を表示させるよう「""」を指定しています。

　画面2の状態から Enter キーを押下すると、「タブレット」に関するデータが表示されます（画面3）。

画面2　G2のセルにFILTER関数を指定した

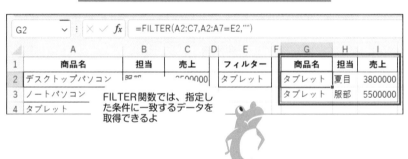

画面3　「タブレット」に関するデータが表示された

任意の文字を置換したい ～ SUBSTITUTE

 SUBSTITUTE関数の使い方

SUBSTITUTE関数を使うと、任意の文字を、指定した文字に置換することができます。

書式 SUBSTITUTE関数の書式

=SUBSTITUTE(文字列, 検索文字列, 置換文字列, 置換対象)

文字列には、検索の対象となる元の文字列を指定します（必須）。

検索文字列には置き換えたい文字列を指定します（必須）。置換文字列には置き換える文字列を指定します（必須）。置換対象には、複数の検索文字列が存在した場合に、何番目の文字列を置き換えるかを指定します（任意）。

例えば画面1のような表があったとします。この表の中から「広見町」を「鬼北町」に置き換えてみましょう。

画面1 旧住所の表がある

	A	B
1	旧住所	新住所
2	愛媛県北宇和郡広見町国遠	
3	愛媛県北宇和郡広見町出目	
4	愛媛県北宇和郡広見町深田	
5	愛媛県北宇和郡広見町西仲	
6	愛媛県北宇和郡広見町東仲	
7	愛媛県北宇和郡広見町吉延	

B1のセルに、

> =SUBSTITUTE(A2,"広見町","鬼北町")

と入力します(画面2)。

　文字列には、A2の旧住所のセルを指定します。検索文字列には、「広見町」を指定します。置換文字列には、「鬼北町」と指定します。置換対象は省略しています。

画面2　B2のセルにSUBSTITUTE関数を指定した

SUM	∨	⋮	× ✓ *fx*	=SUBSTITUTE(A2,"広見町","鬼北町")	

	A	B	C
1	旧住所	新住所	
2	愛媛県北宇和郡広見町国遠	=SUBSTITUTE(A2,"広見町","鬼北町")	
3	愛媛県北宇和郡広見町出目		
7	愛媛県北宇和郡広見町吉延		

　画面2の状態で[Enter]キーを押下すると、「広見町」が「鬼北町」に置換されてB2のセルに表示されます。

　オートフィルを使って、B7まで数式をコピーすると、全ての「広見町」が「鬼北町」に置換されます(画面3)。

画面3　全ての「広見町」が「鬼北町」に置換された

B2	∨	⋮	× ✓ *fx*	=SUBSTITUTE(A2,"広見町","鬼北町")

	A	B
1	旧住所	新住所
2	愛媛県北宇和郡広見町国遠	愛媛県北宇和郡鬼北町国遠
3	愛媛県北宇和郡広見町出目	愛媛県北宇和郡鬼北町出目
4	愛媛県北宇和郡広見町深田	愛媛県北宇和郡鬼北町深田
5	愛媛県北宇和郡広見町西仲	愛媛県北宇和郡鬼北町西仲
6	愛媛県北宇和郡広見町東仲	愛媛県北宇和郡鬼北町東仲
7	愛媛県北宇和郡広見町吉延	愛媛県北宇和郡鬼北町吉延

SUBSTITUTE
関数では、任意
の文字を、指定
した文字に置換
できるよ

指定した位置の文字を
置換したい～ REPLACE

 REPLACE関数の使い方

REPLACE関数を使うと、指定した位置の文字を、文字数を指定して置換することができます。

書式　REPLACE関数の書式

=REPLACE(文字列, 開始位置, 文字数, 置換文字列)

　文字列には検索の対象となる元の文字列を指定します（必須）。開始位置には、置き換えたい文字の位置を数値で指定します。文字の先頭は1から数えます（必須）。文字数には、置き換えたい文字の文字数を指定します（必須）。置換文字列には、置き換える文字列を指定します（必須）。
　例えば画面1のような表があったとします。この表の中から「広見町」を「鬼北町」に置き換えてみましょう。前節の「05.任意の文字を置換したい」と同じ表を使用します。前節では、任意の文字を指定して置換しましたが、ここでは指定した位置にある文字を、文字数を指定して置換します。

　B2のセルに、

=REPLACE(A2,8,3, "鬼北町")

と指定します（画面1）。
　文字列にはA2に記述されている「旧住所」を指定します。開始位置には「8

文字目」を置き換えたい文字の開始位置に指定します。文字数には、置き換える文字は「広見町」なので「3文字」を指定します。置換文字列には、「鬼北町」で置き換えるよう指定します。

画面1　B2のセルにREPLACE関数を指定した

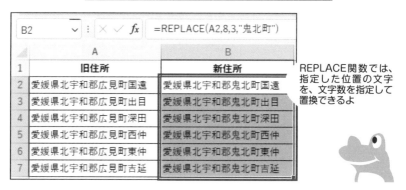

画面1で Enter キーを押下し、オートフィルを使ってB7まで数式をコピーすると、全ての「広見町」が「鬼北町」に置換されます（画面2）。

画面2　全ての「広見町」が「鬼北町」に置換された

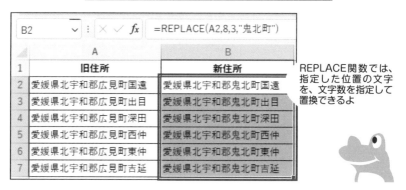

REPLACE関数では、指定した位置の文字を、文字数を指定して置換できるよ

前節のSUBSTITUTE関数では任意の文字を指定して置換しましたが、REPLACE関数では、指定した位置の文字を、文字数を指定して置換する点が異なります。REPLACE関数では、置換する文字の、文字数が固定されている場合に使うといいでしょう。

データが文字列かどうかを 判別したい〜 T

T関数の使い方

T関数を使うと、データが文字列かどうかをチェックすることができます。

書式　T関数の書式

```
=T(値)
```

値には、文字列かどうかをチェックする値を指定します。値が文字列の場合は、その文字列が返されますが、それ以外の場合は空白の文字列「""」が返されます。

例えば画面1のような表があったとします、それぞれの値をT関数で指定すると、「結果」にどんな値が表示されるか見てみましょう。

画面1　いろいろな値を入力したデータがある

	A	B
1	値	結果
2	2022/12/1	
3	157500	
4	服部伴蔵	
5	壱拾萬円	
6	-12345	

B2のセルに、

```
=T(A2)
```

と入力します（画面2）。

A2のセルは値の入力されているセルです。

画面2 B2のセルにT関数を指定した

	A	B
1	値	結果
2	2022/12/1	=T(A2)
3	157500	
4	服部伴蔵	
5	壱拾萬円	
6	-12345	

画面2の状態から Enter キーを押下すると、B2のセルは空白のままになります。A2に入力されている値が文字列ではないので、空白が表示されました（画面3）。A2の日付はシリアル値に変換される数値として認識されています。

シリアル値とは、1900年1月1日を「1」として日付に連番を振った数値のことです。

オートフィルを使って、B6まで数式をコピーすると、「値」のセルに文字列が入力されている場合には、「結果」のセルに、そのままの文字列が表示されます（画面4）。

画面3 B2のセルは「シリアル値」の　　画面4 文字列だけ値が表示され、
数値として認識され空白になった　　それ以外は空の文字列が返されている

T関数では、入力されている
データが、文字列かどうかを
チェックできるよ

年月日から曜日に変換したい ～ TEXT

 TEXT関数の使い方

TEXT関数を使うと、年月日から曜日を取得することができます。

書式　TEXT関数の書式

=**TEXT**(値, 表示形式)

値には、文字列に変換したい数値(シリアル値に変換できる日付など)を指定します(必須)。表示形式には、"yy/mm/dd" や "#,##0" や "yy年mm月dd日" などといった、表示形式を指定します(必須)。今回は、曜日に変換しますので、表1の書式記号を指定します。

Excelで使用可能な書式記号については下記のURLを参照してください。

https://support.microsoft.com/ja-jp/kb/883199

例えば画面1のような表があったとします。年月日が表示されています。この年月日をもとにTEXT関数を使って、曜日を取り出してみましょう。

曜日を表示する書式記号は表1のようになっています。

表1　曜日の書式記号

書式記号	説明
ddd	英語の曜日の頭文字から3文字(Sun ～ Sat)を表示します。
dddd	英語の曜日(Sunday ～ Saturday)を表示します。
aaa	漢字で曜日の頭文字(日～土)を表示します。
aaaa	漢字で曜日(日曜日～土曜日)を表示します。

	A	B
1	年月日	曜日
2	2014/10/10	
3	2015/10/10	
4	2016/10/10	
5	2017/10/10	
6	2018/10/10	
7	2019/10/10	
8	2020/10/10	
9	2021/10/10	
10	2022/10/10	

B1のセルに、

```
=TEXT(A2,"aaaa")
```

と入力します(画面2)。

A2は「年月日」の入力されているセルです。"aaaa"は、表1のように、漢字で曜日(日曜日〜土曜日)を表す書式記号です。

画面2　B1のセルにTEXT関数を指定した

	A	B	C
1	年月日	曜日	
2	2014/10/10	=TEXT(A2,"aaaa")	
3	2015/10/10	TEXT(値, 表示形式)	
4	2016/10/10		
5	2017/10/10		
6	2018/10/10		
7	2019/10/10		
8	2020/10/10		
9	2021/10/10		
10	2022/10/10		

画面2の状態から Enter キーを押下すると、B2のセルに曜日が表示されます（画面3）。

画面3　曜日が表示された

B2				f_x	=TEXT(A2,"aaaa")

	A	B	C	D
1	年月日	曜日		
2	2014/10/10	金曜日		
3	2015/10/10			
4	2016/10/10			
5	2017/10/10			
6	2018/10/10			
7	2019/10/10			
8	2020/10/10			
9	2021/10/10			
10	2022/10/10			

オートフィルを使って、B10まで数式をコピーすると、年月日に応じた曜日が表示されます（画面4）。

画面4　年月日に応じた曜日が表示された

B2				f_x	=TEXT(A2,"aaaa")

	A	B	C
1	年月日	曜日	
2	2014/10/10	金曜日	
3	2015/10/10	土曜日	
4	2016/10/10	月曜日	
5	2017/10/10	火曜日	
6	2018/10/10	水曜日	
7	2019/10/10	木曜日	
8	2020/10/10	土曜日	
9	2021/10/10	日曜日	
10	2022/10/10	月曜日	

TEXT関数では、年月日から表示形式を指定して、曜日を取得できるよ

数値化できる文字列を数値に変換したい〜 VALUE

 VALUE関数の使い方

VALUE関数を使うと、文字列を数値に変換することができます。

この関数は、今回の例では取り上げていませんが、例えば0001や0002といった文字列のデータを、1や2という数値データに変換したい場合等に使用することができます。

書式　VALUE関数の書式

=VALUE(文字列)

文字列には、数値に変換したい文字列を指定します(必須)。通貨や日付、時刻の形式になっているもの等を指定できます。

画面1のような表があったとします。日付、時刻、パーセント、通貨記号、分数等が入力されている表です。「変換後」のセルに、数値に変換された値を表示してみましょう。

画面1　日付、時刻、パーセント、通貨記号、分数等が入力されている表

	A	B
1	データ	変換後
2	2022/12/1	
3	18:00	
4	45%	
5	¥12,500	
6	1/4	

B2のセルに、

```
=VALUE(A2)
```

と入力します（画面2）。

A2のセルは日付の入力されているセルです。

画面2　B2のセルにVALUE関数を指定した

A2		:	× ✓ *fx*	=VALUE(A2)	
	A	B	C	D	
1	データ	変換後			
2	2022/12/1	=VALUE(A2)			
3	18:00				
4	45%				
5	¥12,500				
6	1/4				

画面2の状態から Enter キーを押下すると、日付が数値に変換されて表示されます（画面3）。

画面3　日付が数値に変換された

B2		:	× ✓ *fx*	=VALUE(A2)	
	A	B	C	D	
1	データ	変換後			
2	2022/12/1	44896			
3	18:00				
4	45%				
5	¥12,500				
6	1/4				

日付はシリアル値に変換されています。

前述しましたが、シリアル値とは、1900年1月1日を「1」として日付に連番を振った数値のことです。

オートフィルを使ってB6まで数式をコピーすると、全てのデータが数値に変換されます（画面4）。

画面4　全てのデータが数値に変換された

| B2 | : | × ✓ *fx* | =VALUE(A2) |

	A	B	C	D
1	データ	変換後		
2	2022/12/	44896		
3	18:00	0.75		
4	45%	0.45		
5	¥12,500	12500		
6	1/4	0.25		

　A3のセルの18:00も時刻のシリアル値で表示されます。

　時刻のシリアル値は、24時間を1とみなした小数で表します。

　1時間は、1日（1）を24で割った「0.0416666…」という小数点の値になり、12時は「0.0416666×12」で「0.5」、6時は「0.0416666×6」で「0.25」となります。18時は「0.0416666×18」で「0.75」といったシリアル値になります。

VALUE関数では、文字
列を数値に変換できるよ

余分な空白を削除したい ～ TRIM

 TRIM関数の使い方

TRIM関数を使うと、余分な空白を削除することができます。

書式 TRIM関数の書式

=TRIM(文字列)

文字列には、余計な空白を削除したい文字列を指定します。

例えば画面1のような表があったとします。それぞれのデータには余分な空白が入っています。

画面1 空白の入ったデータ

	A	B
1	データ	空白を削除したデータ
2	薬師寺　　国安	
3	愛媛県　松山市　　道後　　湯の町	
4	猿飛　　　佐助	
5	京都市伏見区　　深草	

まず、B2のセルに、

=TRIM(A2)

と入力します(画面2)。

A2のセルは空白の入ったデータの入力されているセルです。

画面2　B2のセルにTRIM関数を指定した

A2	⌄ : × ✓ fx	=TRIM(A2)	
	A	B	
1	データ	空白を削除したデータ	
2	薬師寺　　国安	=TRIM(A2)	
3	愛媛県　松山市　　道後　　湯の町		
4	猿飛　　佐助		
5	京都市伏見区　　深草		

画面2の状態から[Enter]キーを押下すると、B2のセルに空白を削除したデータが表示されます（画面3）。

画面3　余分な空白を削除したデータが表示された

B2	⌄ : × ✓ fx	=TRIM(A2)	
	A	B	
1	データ	空白を削除したデータ	
2	薬師寺　　国安	薬師寺 国安	
3	愛媛県　松山市　　道後　　湯の町		
4	猿飛　　佐助		
5	京都市伏見区　　深草		

空白が削除されてはいますが、全ての空白が削除されるわけではありません。

画面3を見ると「薬師寺国安」ではなく「薬師寺　国安」と1個の空白は残されています。

オートフィルを使ってB5まで数式をコピーすると、余分な空白の削除されたデータが表示されます（画面4）。

前述もしましたが、全ての空白が削除される訳ではありません。余分な空白だけが削除されることになります。

画面4　余分な空白の削除されたデータが表示された

B2	⌄ : × ✓ ƒx	=TRIM(A2)	

	A	B
1	**データ**	**空白を削除したデータ**
2	薬師寺　国安	薬師寺　国安
3	愛媛県　松山市　道後　湯の町	愛媛県　松山市　道後　湯の町
4	猿飛　佐助	猿飛　佐助
5	京都市伏見区　深草	京都市伏見区　深草

TRIM関数では、データ
から余分な空白を削除で
きるよ

数値データを漢字に変換したい〜 NUMBERSTRING

 NUMBERSTRING関数の使い方

NUMBERSTRING関数を使うと、数値データを漢字に変換することができます。

書式　NUMBERSTRING関数の書式

=NUMBERSTRING(数値, 形式)

数値には、漢字に変換したい数値を指定します（必須）。形式には、表1の数値で指定します。

表1 「形式」に指定する数値

数値	説明
1	一、二、三・・・・・・・・十、百、千、万
2	壱、弐、参・・・・・・・拾、百、阡、萬
3	〇、一、二、三・・・・・

画面1の表があったとします。数値には、「数値データ」を、形式には、「引数」の1〜3の値を指定して、数値データを漢字に変換してみましょう。「引数」のセルの1〜3の値は、表1の「数値」の値と対応しています。

画面1　数値のデータが入力されている表

	A	B	C
1	数値データ	引数	結果
2		1	
3	12310	2	
4		3	

　C2のセルに、

=NUMBERSTRING($A$2,B2)

と入力します（画面2）。

　数値には、A2の「数値データ」の入っているセルを指定します。

　このA2のセルに入力されているデータは、$A$2として絶対参照で指定しています。**絶対参照**とは、参照するセル番地が常に固定される参照方法です。$A$2のように$記号を使って記述します。

　絶対参照にしておかなければ、オートフィルを使って、C3まで数式をコピーすると、A2～A4までのセルを結合しているため、ドラッグするとA2であるべきセルがA3、A4と変化して都合が悪いからです。

　形式に指定している、B2のセルは「引数」の「1」が入っているセルです。表1の「数値」と対応しています。

画面2　C2のセルにNUMBERSTRING関数を指定した

SUM	▼	:	×	✓	fx	=NUMBERSTRING($A$2,B2)		
	A	B	C	D	E			
1	数値データ	引数	結果					
2		1	=NUMBERSTRING($A$2,B2)					
3	12310	2						
4		3						

画面2の状態から Enter キーを押下すると、表1の数値「1」に対応した形式で、数値データが漢字に変換されて表示されます（画面3）。

画面3　数値データが漢字に変換された

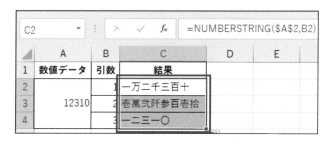

オートフィルを使って、C3まで数式をコピーすると、引数に指定した形式で、すべての数値データが漢字に変換されます（画面4）。

画面4　全ての数値データが漢字に変換された

NUMBERSTRING関数では、指定した形式で、数値データを漢字に変換できるよ

全角のデータを半角に変換したい〜 ASC

↓

ASC関数の使い方

ASC関数を使うと、全角のデータを半角に変換することができます。

書式　ASC関数の書式

=ASC(文字列)

文字列には、全角を含む文字列を指定します(必須)。

画面1のような全角データの入った表があるとします。「半角に変換した」セルにはASC関数で半角に変換されたデータが表示されます。

画面1　全角のデータが入力された表

	A	B
1	**全角のデータ**	**半角に変換した**
2	ヤクシジクニヤス	
3	松山市道後湯の町１０９−１１０	
4	ＨＯＬＯＬＥＮＳ	
5	ＭＩＣＲＯＳＯＦＴ　３６５	

B2のセルに、

=ASC(A2)

と入力します（画面2）。

A2は全角のデータが入力されたセルです。

画面2　B2のセルにASC関数を指定した

	A	B
	A2　　　　　∨ : × ✓ _fx_　=ASC(A2)	
1	**全角のデータ**	**半角に変換した**
2	ヤクシジクニヤス	=ASC(A2)
3	松山市道後湯の町１０９－１１０	
4	ＨＯＬＯＬＥＮＳ	
5	ＭＩＣＲＯＳＯＦＴ　３６５	

画面2の状態から、[Enter]キーを押下すると、A2の全角のデータが半角に変換されて表示されます（画面3）。

画面3　A2のセルの全角データが半角に変換された

	A	B
	B2　　　　　∨ : × ✓ _fx_　=ASC(A2)	
1	**全角のデータ**	**半角に変換した**
2	ヤクシジクニヤス	ﾔｸｼｼﾞ ｸﾆﾔｽ
3	松山市道後湯の町１０９－１１０	
4	ＨＯＬＯＬＥＮＳ	
5	ＭＩＣＲＯＳＯＦＴ　３６５	

オートフィルを使って、B5まで数式をコピーすると、全ての全角データが半角に変換されて表示されます（画面4）。

画面4　全ての全角データが半角に変換された

| B2 | : × ✓ f_x | =ASC(A2) |

	A	B
1	**全角のデータ**	**半角に変換した**
2	ヤクシジクニヤス	ﾔｸｼｼﾞ ｸﾆﾔｽ
3	松山市道後湯の町１０９－１１０	松山市道後湯の町109-110
4	ＨＯＬＯＬＥＮＳ	HOLOLENS
5	ＭＩＣＲＯＳＯＦＴ　３６５	MICROSOFT 365

ASC関数では、全角
データを半角のデータ
に変換できるよ

半角のデータを全角に変換したい〜 JIS

⬇

 JIS関数の使い方

JIS関数を使うと、半角のデータを全角に変換することができます。

書式　JIS関数の書式

=JIS(文字列)

文字列には、半角の英数カナ文字を含む文字列を指定します(必須)。

前節の「12.全角のデータを半角に変換したい」で解説したASC関数とは真逆の関数です。

画面1のような半角データの入った表があったとします。「全角に変換した」セルにはJIS関数で全角に変換されたデータが表示されます。

画面1　半角のデータが表示された表

	A	B
1	**半角のデータ**	**全角に変換した**
2	ﾔｸｼｼﾞ ｸﾆﾔｽ	
3	松山市道後湯の町109-110	
4	HOLOLENS	
5	MICROSOFT 365	

B2のセルに、

=JIS(A2)

と入力します（画面2）。

A2は半角のデータが入力されたセルです。

画面2　B2のセルにJIS関数を指定した

	A	B
	半角のデータ	全角に変換した
1		
2	ﾔｸｼｼﾞ ｸﾆﾔｽ	=JIS(A2)
3	松山市道後湯の町109-110	
5	MICROSOFT 365	

SUM　fx　=JIS(A2)

画面2の状態から、Enterキーを押下すると、A2の半角のデータが全角に変換されて表示されます（画面3）。

画面3　A2のセルの半角データが全角に変換された

	A	B
	半角のデータ	全角に変換した
1		
2	ﾔｸｼｼﾞ ｸﾆﾔｽ	ヤクシジクニヤス
3	松山市道後湯の町109-110	
5	MICROSOFT 365	

B2　fx　=JIS(A2)

オートフィルを使って、B5まで数式をコピーすると、全ての半角データが全角に変換されて表示されます（画面4）。

画面4　全ての半角データが全角に変換された

	A	B
	半角のデータ	全角に変換した
1		
2	ﾔｸｼｼﾞ ｸﾆﾔｽ	ヤクシジクニヤス
3	松山市道後湯の町109-110	松山市道後湯の町１０９－１１０
4	HOLOLENS	ＨＯＬＯＬＥＮＳ
5	MICROSOFT 365	ＭＩＣＲＯＳＯＦＴ　３６５

B2　fx　=JIS(A2)

JIS関数では、半角のデータを
全角のデータに変換できるよ

データの先頭文字だけを大文字に変換したい〜 PROPER

 PROPER関数の使い方

PROPER関数を使うと、先頭の文字だけを大文字に変換することができます。

> **書式　PROPER関数の書式**
>
> =PROPER(文字列)

文字列には、英字を含む文字列を指定します(必須)。文字列に英字が含まれない場合は、そのままの文字列が返されます。

例えば画面1のような表があったとします。「データ」にはいろいろな文字列が入力されています。「結果」には先頭文字を大文字に変換した文字列が表示されます。

画面1　いろいろな文字列が入力された表

	A	B
1	データ	結果
2	hololens	
3	microsoft	
4	kinect	
5	猿飛佐助	

B2のセルに、

```
=PROPER(A2)
```

と入力します（画面2）。

A2のセルは文字列が入力されているセルです。

画面2　A2のセルにPROPER関数を指定した

A2	: × ✓ fx	=PROPER(A2)	
	A	B	C	D
1	データ	結果		
2	hololens	=PROPER(A2)		
3	microsoft			
4	kinect			
5	猿飛佐助			

画面2の状態から、Enterキーを押下すると、B2のセルに先頭の文字が大文字に変換されたデータが表示されます（画面3）。

オートフィルを使って、B5まで数式をコピーすると、全ての英文字データの先頭が大文字に変換されて表示されます。ただし、英文字の含まれていないA5のデータ（猿飛佐助）は、そのまま返されています（画面4）。

画面3　先頭の文字が大文字に変換されたデータが表示された

B2	: × ✓ fx	=PROPER(A2)	
	A	B	C	D
1	データ	結果		
2	hololens	Hololens		
3	microsoft			
4	kinect			
5	猿飛佐助			

画面4　「猿飛佐助」を除いた、全ての英文字データの先頭が大文字に変換されて表示された

B2	: × ✓ fx	=PROPER(A2)	
	A	B	C	D
1	データ	結果		
2	hololens	Hololens		
3	microsoft	Microsoft		
4	kinect	Kinect		
5	猿飛佐助	猿飛佐助		

PROPER関数では、英文字データの先頭文字が大文字に変換されるよ

15

データを全て大文字に
変換したい〜 UPPER

⬇

 ## UPPER関数の使い方

　UPPER関数を使うと、小文字の英字を含む文字列を大文字に変換することができます。

書式　UPPER関数の書式

=UPPER(文字列)

　文字列には、小文字の英字を含む文字列を指定します（必須）。小文字が含まれていない場合は、そのままの文字列を返します。

　画面1のような表があったとします。データには小文字だけのデータや、大文字、小文字が混在したデータが入力されています。

画面1　小文字や、大文字、小文字の混在したデータが入力されている表

	A	B
1	**データ**	**結果**
2	Microsoft HoloLens	
3	yakushiji kuniyasu	
6	猿飛佐助	

　B2のセルに、

=UPPER(A2)

 と入力します（画面2）。

A2は、大文字、小文字の混在したデータが入力されているセルです。

画面2　B2のセルにUPPER関数を指定した

	A	B
1	データ	結果
2	Microsoft HoloLens	=UPPER(A2)
3	yakushiji kuniyasu	
6	猿飛佐助	

　画面2の状態から、Enterキーを押下すると、B2のセルに大文字に変換されたデータが表示されます（画面3）。

画面3　大文字に変換されたデータが表示された

| B2 | ▼ | : | × | ✓ | fx | =UPPER(A2) |

	A	B
1	データ	結果
2	Microsoft HoloLens	MICROSOFT HOLOLENS
3	yakushiji kuniyasu	
5	Windows 10	
6	猿飛佐助	

　オートフィルを使って、B6まで数式をコピーすると、全てのデータが大文字に変換されて表示されます。ただし、小文字の含まれていないA6のデータ（猿飛佐助）は、そのまま返されています（画面4）。

画面4　「猿飛佐助」は除いた、全てのデータが大文字に変換されて表示された

| B2 | ▼ | : | × | ✓ | fx | =UPPER(A2) |

	A	B
1	データ	結果
2	Microsoft HoloLens	MICROSOFT HOLOLENS
3	yakushiji kuniyasu	YAKUSHIJI KUNIYASU
4	adobe PhotoShop	ADOBE PHOTOSHOP
5	Windows 10	WINDOWS 10
6	猿飛佐助	猿飛佐助

UPPER関数では、小文字の英字を含む文字列を大文字に変換できるよ

データを全て小文字に変換したい〜 LOWER

LOWER関数の使い方

LOWER関数を使うと、大文字、小文字を含む英文字を全て小文字に変換することができます。

書式 LOWER関数の書式

=LOWER(文字列)

文字列には、大文字、小文字の英字を含む文字列またはセルを指定します(必須)。大文字、小文字の英文字が含まれていない場合は、そのままの文字列を返します。

前節の「15. データを全て大文字に変換したい」のUPPER関数とは真逆の関数になります。

画面1のような表があったとします。データには小文字だけのデータや、大文字、小文字が混在したデータが入力されています。前節の「15. データを全て大文字に変換したい」で使用した表と同じ表です。

画面1 小文字や、大文字、小文字の混在したデータが入力されている表

	A	B
1	データ	結果
2	Microsoft HoloLens	
3	yakushiji kuniyasu	
4	adobe PhotoShop	
5	Windows 10	
6	猿飛佐助	

B2のセルに、

```
=LOWER(A2)
```

と入力します(画面2)。

A2は、大文字、小文字の混在したデータが入力されているセルです。

画面2　B2のセルにLOWER関数を指定した

	A	B
1	データ	結果
2	Microsoft HoloLens	=LOWER(A2)
3	yakushiji kuniyasu	
4	adobe PhotoShop	
5	Windows 10	
6	猿飛佐助	

　画面2の状態から、Enter キーを押下すると、B2のセルに小文字に変換されたデータが表示されます(画面3)。

画面3　小文字に変換されたデータが表示された

B2	▼	:	×	✓	fx	=LOWER(A2)

	A	B
1	データ	結果
2	Microsoft HoloLens	microsoft hololens
3	yakushiji kuniyasu	
4	adobe PhotoShop	
5	Windows 10	
6	猿飛佐助	

　オートフィルを使って、B6まで数式をコピーすると、全てのデータが小文字に変換されて表示されます。ただし、小文字のみの英数文字であるA3のデータはそのまま返され、また、英数文字の含まれていないA6のデータ(猿飛佐助)も、そのまま返されています(画面4)。

	A	B
	B2 ▼ ⋮ × ✓ fx =LOWER(A2)	
1	**データ**	**結果**
2	Microsoft HoloLens	microsoft hololens
3	yakushiji kuniyasu	yakushiji kuniyasu
4	adobe PhotoShop	adobe photoshop
5	Windows 10	windows 10
6	猿飛佐助	猿飛佐助

LOWER関数では、大
文字、小文字を含む英文
字データを全て小文字に
変換できるよ

重複しているデータから重複データを取り除きたい 〜 UNIQUE

 ## UNIQUE関数の使い方

UNIQUE関数を使うと、重複しない一意のデータを取り出すことができます。

Microsoft 365のExcelに対応した関数です。

書式　UNIQUE関数の書式

=UNIQUE(範囲)

範囲には、セルの範囲を指定します。重複したデータの入っているセルの範囲になります。

画面1のような、重複した「商品名」のある表があったとします。「ノートPC」と「タブレットPC」が重複しています。

画面1　重複した「商品名」のある表

	A	B	C
1	**商品名**		
2	ノートPC		
3	デスクトップPC		
4	タブレットPC		
5	ノートPC		
6	KINECT		
7	タブレットPC		
8	Leap Motion		

C2のセルに、

```
=UNIQUE(A2:A8)
```

と入力します（画面2）。

　範囲には「商品名」の入力されているセル範囲（A2:A8）を指定します。

画面2　C2のセルにUNIQUE関数を指定した

　画面2の状態から、Enterキーを押下すると、重複しない一意の「商品名」が表示されます（画面3）。

画面3　重複しない一意の「商品名」が表示された

UNIQUE関数では、重複しない一意のデータを取得できるよ

複数の文字列を結合して表示したい〜 CONCAT

 ## CONCAT 関数の使い方

CONCAT関数を使うと、複数の文字列を結合して表示させることができます。

書式　CONCAT関数の書式

=CONCAT(文字列1, 文字列2, ..., 文字列253)

文字列には、連結したい文字列を指定します。数値や数式も指定できます。

例えば画面1のような表があったとします。「都道府県」、「市区町村」、「番地」が別々のセルに入力されています。

画面1　「都道府県」、「市区町村」、「番地」が別々のセルに入力された表

	A	B	C	D
1	都道府県	市区町村	番地	結合結果
2	愛媛県	松山市道後湯の町	110番地10号	
3	京都府	京都市伏見区深草瓦町	267-13	
4	愛媛県	北宇和郡鬼北町深田	257-1164	
5	愛媛県	松山市道後青葉台	5番12号	
6	東京都	千代田区神田神保町	5丁目107番地	

D2のセルに、

=CONCAT(A2:C2)

と入力します（画面2）。

A2:C2のセル範囲は、「都道府県」、「市区町村」、「番地」のデータが入力されているセルです。

画面2　D2のセルにCONCAT関数を指定した

	A	B	C	D
	A2	∨ : × ✓ fx	=CONCAT(A2:C2)	
1	都道府県	市区町村	番地	結合結果
2	愛媛県	松山市道後湯の町	110番地10号	=CONCAT(A2:C2)
3	京都府	京都市伏見区深草瓦町	267-13	

画面2の状態から、Enterキーを押下すると、D2のセルに、「都道府県」、「市区町村」、「番地」が結合されて表示されます（画面3）。

画面3　「都道府県」、「市区町村」、「番地」が結合された

	A	B	C	D
	D2	∨ : × ✓ fx	=CONCAT(A2:C2)	
1	都道府県	市区町村	番地	結合結果
2	愛媛県	松山市道後湯の町	110番地10号	愛媛県松山市道後湯の町110番地10号
3	京都府	京都市伏見区深草瓦町	267-13	

オートフィルを使って、D6まで数式をコピーすると、全てのデータが連結されて表示されます（画面4）。

画面4　全てのデータが連結されて表示された

	A	B	C	D
	D2	∨ : × ✓ fx	=CONCAT(A2:C2)	
1	都道府県	市区町村	番地	結合結果
2	愛媛県	松山市道後湯の町	110番地10号	愛媛県松山市道後湯の町110番地10号
3	京都府	京都市伏見区深草瓦町	267-13	京都府京都市伏見区深草瓦町267-13
4	愛媛県	CONCAT関数では、複数の文字列を結合できるよ	257-1164	愛媛県北宇和郡鬼北町深田257-1164
5	愛媛県		5番12号	愛媛県松山市道後青葉台5番12号
6	東京都	千代田区神田神保町	107番地	東京都千代田区神田神保町5丁目107番地

Chapter 02

指定した文字数を左端から
取り出したい〜 LEFT

 LEFT関数の使い方

　LEFT関数を使うと、文字列の左から指定した文字数を取得することができます。

書式　LEFT関数の書式

=LEFT(文字列 , 文字数)

　文字列には、取り出す文字を含む文字列を指定します（必須）。

　文字数には、文字列の左端から取り出す文字数を数値で指定します（任意）。指定しなかった場合は1が指定されたものとみなされます。

　画面1のような表があったとします。住所が入力されたデータです。

画面1　住所の入力されたデータ

	A	B
	住所	結果
1		
2	東京都杉並区永福3-66-7	
7	愛媛県松山市道後湯の町100-110	

　B2のセルに、

=LEFT(A2,3)

と入力します（画面2）。

文字列にはA2の住所を指定します。文字数には3を指定します。A2の住所の左から3文字を取り出すことになります。

画面2　B2のセルにLEFT関数を指定した

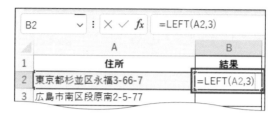

画面2の状態から[Enter]キーを押下すると、A2の住所から左3文字の文字列が「結果」のセルに表示されます（画面3）。

画面3　A2の住所から左3文字の文字列が表示された

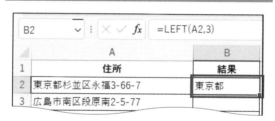

オートフィルを使って、B7まで数式をコピーすると、全ての住所から、左3文字の文字列を取得して表示されます（画面4）。

画面4　全ての住所から、左3文字の文字列を取得して表示された

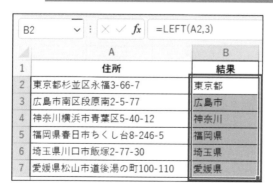

LEFT関数では、文字列の左から、指定した文字数を取得できるよ

Chapter 02

指定した文字数を右端から 取り出したい〜 RIGHT

 RIGHT関数の使い方

RIGHT関数を使うと、文字列の右端から指定した文字数を取得すること
ができます。

書式　RIGHT関数の書式

=RIGHT(文字列, 文字数)

文字列には、取り出す文字を含む文字列を指定します（必須）。

文字数には、文字列の右端から取り出す文字数を数値で指定します（任
意）。指定しなかった場合は、一番右端の文字列1文字が返されます。

画面1のような表があったとします。氏名が入力されたデータです。

B2のセルに、

=RIGHT(A2,2)

と入力します（画面2）。

画面1　氏名の入力されたデータ

	A	B
1	氏名	結果
2	夏目団子	
3	久利餡子	
4	服部伴蔵	
5	猿飛佐助	
6	宮本武蔵	
7	阪神虎雄	

文字列にはA2の氏名を指定します。文字数には2を指定します。A2の「氏名」の右から2文字を取り出すことになります。

画面2の状態から Enter キーを押下すると、A2の氏名から右2文字の文字列が「結果」のセルに表示されます（画面3）。

画面2　B2のセルにRIGHT関数を指定した　　画面3　A2の氏名から右2文字の文字列が表示された

オートフィルを使って、B7まで数式をコピーすると、全ての氏名から、右2文字の文字列を取得して表示されます（画面4）。

画面4　全ての氏名から、右2文字の文字列を取得して表示された

RIGHT関数では、文字列の右端から、指定した文字数を取得できるよ

任意の位置から指定した文字数の文字を取り出したい〜 MID

 MID関数の使い方

MID関数を使うと、文字列の任意の位置から、指定した文字数の文字を取得することができます。

書式　MID関数の書式

=MID(文字列, 開始位置, 文字数)

　文字列には、取り出す文字を含む文字列を指定します(必須)。開始位置には、取り出したい文字列の開始位置を指定します。文字列の先頭は1から数えます(必須)。文字数には、取り出す文字数を指定します(必須)。
　画面1のような表があったとします。この文字列の中から「HoloLens」という文字列を取り出して、「結果」セルに表示させてみましょう。

画面1　文字列の入力されている表

	A	B
1	**文字列**	**結果**
2	Microsoft HoloLens Development Edition	

　B2のセルに、

=MID(A2,11,8)

と入力します（画面2）。

　文字列には、A2のセルを指定します。開始位置には、11文字目を指定します。半角のスペースも数に入れる必要があります。文字数には、「HoloLens」の8文字を指定します。

画面2　B2のセルにMID関数を指定した

　画面2の状態から、Enter キーを押下すると、「結果」のB2のセルに「HoloLens」と表示されます（画面3）。

画面3　「HoloLens」の文字が取得された

MID関数では、文字列の任意の位置から、指定した文字数の文字を取得できるよ

文字列の文字数を知りたい ～ LEN

 LEN関数の使い方

LEN関数を使うと、入力されている文字列の文字数を取得することができます。

書式　LEN関数の書式

```
=LEN(文字列)
```

文字列には、文字数を調べる文字列を指定します。スペース、句読点、数字等は全て文字として扱われます（必須）。画面1のような表があったとします。この「文字列」の中から文字数を取り出して、「結果」セルに表示させてみましょう。

画面1　「文字列」と「結果」のセルが用意された表

	A	B
1	文字列	結果
2	Microsoft StoreからHoloLensを購入した。	
3	Microsoft 365のExcelを使用している。	
4	2022年12月現在、コロナの第8波が再拡大している。	

B2のセルに、

```
=LEN(A2)
```

と指定します（画面2）。

A2は文字列が入力されているセルです。

画面2の状態から [Enter] キーを押下すると、B2のセルにA2に入力されている文字列の文字数が表示されます（画面3）。オートフィルを使って、B4まで数式をコピーすると、「文字列」のセルに入力されている、文字列の文字数が表示されます（画面4）。

画面4を見ると、見た目では、A4のセルの文字列の方が、A3の文字列より多そうに見えますが、LEN関数は、全角も半角も1文字として数えますので、A3とA4は同じ文字数になっています。

画面2　B2のセルにLEN関数を指定した

A2	⌄ : × ✓ f_x	=LEN(A2)		
		A		B
1		**文字列**		**結果**
2	Microsoft StoreからHoloLensを購入した。			=LEN(A2)
3	Microsoft 365のExcelを使用している。			

画面3　文字数が表示された

B2	⌄ : × ✓ f_x	=LEN(A2)		
		A		B
1		**文字列**		**結果**
2	Microsoft StoreからHoloLensを購入した。			31
3	Microsoft 365のExcelを使用している。			

画面4　全ての文字列の文字数が表示された

B2	⌄ : × ✓ f_x	=LEN(A2)		
		A		B
1		**文字列**		**結果**
2	Microsoft StoreからHoloLensを購入した。			31
3	Microsoft 365のExcelを使用している。			27
4	2022年12月現在、コロナの第8波が再拡大している。			27

LEN関数では、入力されている
文字列の文字数を取得できるよ

文字のフリガナを表示したい ～ PHONETIC

 PHONETIC関数の使い方

PHONETIC関数を使うと、フリガナを表示させることができます。

書式　PHONETIC関数の書式

=PHONETIC(対象セル)

　対象セルには、フリガナを取り出したいセルまたはセルの範囲を指定します(必須)。

　数値や論理値が入力されているセルを指定した場合は空の文字列が返されます。フリガナは「カタカナ」で表示されます。英文字が指定された場合は、そのままの値を返します。

　画面1のような表があったとします。「名前」と「読み」のセルが用意されています。この「読み」のセルに、「名前」に入力されているデータの「フリガナ」を表示させてみましょう。

	A	B
1	**名前**	**読み**
2	夏目団子	
3	久利餡子	
4	服部伴蔵	
5	猿飛佐助	
6	宮本武蔵	
7	紫式部	

B2のセルに、

```
=PHONETIC(A2)
```

と入力します（画面2）。

A2は「名前」の入力されているセルです。

画面2　B2のセルにPHONETIC関数を指定した

画面2の状態から Enter キーを押下すると、「読み」のセルに「名前」のフリガナが表示されます（画面3）。

画面3　フリガナが表示された

オートフィルを使って、B7まで数式をコピーすると、全ての「名前」のフリガナが表示されます（画面4）。

画面4　全ての「名前」のフリガナが表示された

　では、次に、「名前」が「姓」と「名」にわかれていた場合はどうすればいいかを見てみましょう。

「名前」が「姓」と「名」に分かれていた場合

画面5のように「姓」と「名」が分かれた表があったとします。

画面5　「姓」と「名」に分かれた表

	A	B	C
1	姓	名	読み
2	夏目	団子	
3	久利	餡子	
4	服部	伴蔵	
5	猿飛	佐助	
6	宮本	武蔵	
7	柴	式部	

C2のセルに、

```
=PHONETIC(A2:B2)
```

と入力します。

対象セルにA2:B2とセル範囲で指定するのがミソになります。

入力した状態から Enter キーを押下し、その後、オートフィルで数式を
C7までコピーすると、「読み」のセルに全てのフリガナが表示されます（画
面6）。

画面6　「姓」と「名」のフリガナが「読み」のセルに表示されます

PHONETIC関数では、
入力された漢字のフリ
ガナを表示できるよ

検査範囲を検索して対応するデータを表示したい ～ LOOKUP

 LOOKUP関数の使い方

LOOKUP関数を使うと、検査範囲を検索して、対応するデータを表示することができます。後述する、VLOOKUP関数と同じく範囲から検索して対応する値を返すことができますが、完全一致が指定できないなど違いがあります。

書式　LOOKUP関数の書式

=LOOKUP(検索値, 検索範囲, 対応範囲)

この書式の設定方法はベクトル形式といいます。ベクトル形式以外に配列形式といった形式もありますが、ここではベクトル形式で解説します。

検索値には、検索する値を指定します(必須)。検索範囲には、検索されるセル範囲を1行または1列で指定します(必須)。対応範囲には、検索範囲に対応させるセル範囲を指定します(必須)。

画面1のようなデータがあったとします。「氏名」と「年齢」が表示されています。「検索氏名」のセルに任意の「氏名」を入力すると、「結果年齢」のセルに「年齢」が表示されるようにしてみましょう。

画面1 「氏名」と「年齢」のデータと、
「検索氏名」と「結果年齢」のセルを用意した

	A	B	C	D	E
1	氏名	年齢		検索氏名	結果年齢
2	夏目団子	82		猿飛佐助	
3	久利餡子	62			
4	服部伴蔵	77			
5	猿飛佐助	45			
6	宮本武蔵	68			
7	佐々木小次郎	70			
8	阪神虎雄	56			

「検索氏名」のD2のセルに、「猿飛佐助」と入力しておきます。
E2のセルには、

```
=LOOKUP(D2,A2:A8,B2:B8)
```

と入力します(画面2)。

　検索値には、D2のセルの「検索氏名」の氏名(猿飛佐助)が入力されているセルを指定します。検索範囲には、「氏名」の入力されているセル範囲(A2:A8)を指定します。「検索氏名」に入力している、「猿飛佐助」を、ここに指定したセル範囲の中から検索します。対応範囲には、「年齢」の入力されているセル範囲(B2:B8)を指定します。検索値に指定した、「猿飛佐助」の「年齢」を検索します。

　この関数には、後述するHLOOKUPやVLOOKUPにある、「検索の型」といった引数を指定できませんので、TRUE(近似値)かFALSE(完全一致)かを指定することはできません。そのため、任意の値に1番近い値を返すようなります。

画面2　E2の「検索年齢」のセルにLOOKUP関数を指定した

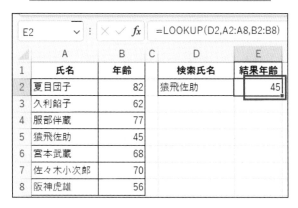

画面2の状態から、Enterキーを押下すると、「猿飛佐助」に対応した年齢が表示されます（画面3）。

画面3　「猿飛佐助」に対応した年齢が表示された

	A	B	C	D	E
	fx			=LOOKUP(D2,A2:A8,B2:B8)	
1	氏名	年齢		検索氏名	結果年齢
2	夏目団子	82		猿飛佐助	45
3	久利餡子	62			
4	服部伴蔵	77			
5	猿飛佐助	45			
6	宮本武蔵	68			
7	佐々木小次郎	70			
8	阪神虎雄	56			

LOOKUP関数では、検査範囲を検索して、対応するデータを表示できるよ

25

横方向（水平方向）に検索して表示したい〜 HLOOKUP

 HLOOKUP関数の使い方

　HLOOKUP関数を使うと、あるデータの中から、任意のデータを横方向（水平方向）に検索して表示させることができます。

書式　HLOOKUP関数の書式

=HLOOKUP(検索値, 範囲, 行番号, 検索の型)

　検索値には、検索する値を指定します（必須）。範囲には、検索されるセルの範囲を指定します（必須）。行番号には、範囲の先頭から数えた行数を指定します（必須）。検索の型には、TRUE（近似値）かFALSE（完全一致）を指定します。省略するとTRUEが指定されたことになります（任意）。
　画面1のような表があったとします。このHLOOKUP関数は、横方向検索なので、データは横方向（水平方向）に入力しておきます。横方向（水平方向）とは列方向という意味になります。「氏名」と「住所」が表示されています。「検索名」のセルに「氏名」を入力すると「住所」のセルに該当する人物の住所が表示されるようにしてみましょう。

画面1　氏名と住所の表を用意した

	A	B	C	D	E
1	氏名	夏目団子	久利船子	服部伴蔵	猿飛佐助
2	住所	愛媛県松山市道後湯の町110番地10号	京都府京都市伏見区深草元町267-13	愛媛県北宇和郡鬼北町深田257-1164	愛媛県松山市道後青葉台5番12号
3					
4	検索名				
5	住所				

　B4の「検索名」のセルに「久利餡子」と入力をします。その後、B5の「住所」のセルに、

```
=HLOOKUP(B4,B1:E2,2,FALSE)
```

と入力します（画面2）。

　検索値には、B4に指定した「検索名（久利餡子）」を指定します。範囲には、「氏名」と「住所」の入力されているセルの範囲（B1:E2）を指定します。「久利餡子」のデータを検索する範囲になります。行番号には、「住所」の入力されている行番号「2」を指定します。「久利餡子」に該当する「住所」を検索します。検索の型には、FALSE（完全一致）を指定します。

画面2　B5の「住所」セルにHLOOKUP関数を指定した

B5	∨ : × ✓ fx	=HLOOKUP(B4,B1:E2,2,FALSE)	
	A	B	
1	氏名	夏目団子	久利餡子
2	住所	愛媛県松山市道後湯の町110番地10号	京都府京
3			
4	検索名	久利餡子	
5	住所	=HLOOKUP(B4,B1:E2,2,FALSE)	

　画面2の状態で Enter キーを押下すると、B4の「住所」のセルに、「久利餡子」に一致した「住所」が表示されます（画面3）。

画面3　「久利餡子」に一致した「住所」が表示された

B5	∨ : × ✓ fx	=HLOOKUP(B4,B1:E2,2,FALSE)	
	A	B	C
1	氏名	夏目団子	久利餡子
2	住所	愛媛県松山市道後湯の町110番地10号	京都府京都市伏見区深草瓦町267-13
3			
4	検索名	久利餡子	
5	住所	京都府京都市伏見区深草瓦町267-13	

HLOOKUP関数では、データの中から、任意のデータを横方向（水平方向）に検索して表示できるよ

縦方向（垂直方向）に検索して表示したい〜 VLOOKUP

 VLOOKUP関数の使い方

VLOOKUP関数を使うと、あるデータの中から、任意のデータを縦方向（垂直方向）に検索して表示させることができます。

書式　VLOOKUP関数の書式

=VLOOKUP(検索値, 範囲, 列番号, 検索の型)

検索値には、検索する値を指定します（必須）。範囲には、検索されるセルの範囲を指定します（必須）。列番号には、範囲の先頭から数えた列数を指定します（必須）。検索の型には、TRUE（近似値）かFALSE（完全一致）を指定します。省略するとTRUEが指定されたことになります（任意）。

画面1のような表があったとします。このVLOOKUP関数は、縦方向（垂直方向）検索なので、データは縦方向に入力しておきます。縦方向とは行方向という意味になります。「都道府県名」と「県庁所在地」が表示されています。

今回は、「都道府県名」を指定して「県庁所在地」を取得してみましょう。

「都道府県名」と「県庁所在地」の入力された表を用意します。また、「都道府県名」を入力するセルと「県庁所在地」を表示するセルも作成しておきましょう。

画面1　「都道府県名」と「県庁所在地」の入力された表と、「都道府県名」を入力するセルと「県庁所在地」を表示するセルを作成した表

	A	B
1	**都道府県名**	**県庁所在地**
2	茨城県	
3		
4	**都道府県名**	**県庁所在地**
5	北海道	札 幌
6	青森県	青 森
7	岩手県	盛 岡
8	宮城県	仙 台
9	秋田県	秋 田
10	山形県	山 形
11	福島県	福 島
12	茨城県	水 戸
13	栃木県	宇都宮
14	群馬県	前 橋
15	埼玉県	さいたま
16	千葉県	千 葉

　A2の「都道府県名」のセルに「茨城県」と入力しておいてから、B2のセルに、

```
=VLOOKUP(A2,A5:B16,2,FALSE)
```

と入力します（画面2）。

　検索値に「都道府県名」を入力するセルである、A2を指定します。「茨城県」と入力したセルです。範囲には、「都道府県名」と「県庁所在地」の入力されているA5:B16のセル範囲を指定します。この範囲から、「茨城県」を検索します。列番号には県庁所在地を示す2列目の2を指定します。「茨城県」に該当する「県庁所在地」を検索します。検索の型にはFALSEを指定して完全一致で検索します。

画面2　B2のセルにVLOOKUP関数を指定した

	A	B	C	D	E
	B2	✕ ✓ fx	=VLOOKUP(A2,A5:B16,2,FALSE)		
1	**都道府県名**	**県庁所在地**			
2	茨城県	=VLOOKUP(A2,A5:B16,2,FALSE)			
3					
4	**都道府県名**				
5	北海道	札幌			
6	青森県	青森			
7	岩手県	盛岡			
8	宮城県	仙台			
9	秋田県	秋田			
10	山形県	山形			
11	福島県	福島			
12	茨城県	水戸			
13	栃木県	宇都宮			
14	群馬県	前橋			
15	埼玉県	さいたま			
16	千葉県	千葉			

　画面2の状態で、Enterキーを押下すると、B2のセルに「茨城県」に一致した「県庁所在地」が表示されます（画面3）。

画面3　「茨城県」に一致した「県庁所在地」が表示された

| B2 | : × ✓ fx | =VLOOKUP(A2,A5:B16,2,FALSE) |

	A	B	C	D	E
1	**都道府県名**	**県庁所在地**			
2	茨城県	水 戸			
3					
4	**都道府県名**	**県庁所在地**			
5	北海道	札 幌			
6	青森県	青 森			
7	岩手県	盛 岡			
8	宮城県	仙 台			
9	秋田県	秋 田			
10	山形県	山 形			
11	福島県	福 島			
12	茨城県	水 戸			
13	栃木県	宇都宮			
14	群馬県	前 橋			
15	埼玉県	さいたま			
16	千葉県	千 葉			

VLOOKUP関数では、データ
の中から、任意のデータを縦方
向（垂直方向）に検索して表示で
きるよ

データを検索して抽出したい〜 XLOOKUP

 XLOOKUP関数の使い方

XLOOKUP関数を使うと、任意のデータを検索して表示させることができます。垂直、水平の両方向の検索に対応しています。

XLOOKUP関数は、Microsoft 365のExcelに対応した関数です。

書式　XLOOKUP関数の書式

> =XLOOKUP(検索値,検索範囲,戻り範囲,見つからない場合,一致モード,検索モード)

検索値には、検索する値を指定します(必須)。検索範囲には、検索されるセルの範囲を指定します(必須)。戻り範囲には、抽出したい値の範囲を指定します(必須)。見つからない場合には、検索範囲の中に検索値が見つからない場合に返す値を指定します。省略した場合は、エラー値「#N/A」が返されます。一致モードには、検索の際に「一致」と判断する基準を表1の数値で指定します。省略した場合は、完全一致で検索されます。検索モードには、検索する方向を表2の数値で指定します。省略した場合は、先頭から末尾に向かって検索されます。

引数が大変に多いですが、指定するのは「必須」となる、検索値、検索範囲、戻り範囲だけで構いません。

VLOOKUP関数では、指定するセル範囲が1つだけだったのに対し、XLOOKUP関数では、指定するセル範囲を検索範囲と戻り範囲と2つに分けています。この指定方法によって、検索範囲を自由に指定できるように

表1　引数「一致モード」の設定値

設定値	説明
0または省略	完全一致
-1	完全一致または次に小さい項目
1	完全一致または次に大きい項目
2	ワイルドカード文字との一致

表2　引数「検索モード」の設定値

設定値	説明
1または省略	先頭から末尾へ検索
-1	末尾から先頭へ検索
2	バイナリ検索（「検索範囲」が昇順の場合）
-2	バイナリ検索（「検索範囲」が降順の場合）

なりました。VLOOKUP関数で指定していた「列番号」も、XLOOKUP関数では戻り範囲として、セル範囲で指定できるようになり、列の番号で指定する必要がなくなり、検索の幅が広がりました。

　これまでは垂直方向の検索ではVLOOKUP関数、水平方向ではHLOOKUP関数と、いわゆるVertical（垂直）とHorizon（水平）で使い分ける必要がありました。しかし、XLOOKUP関数では、指定するセル範囲を検索範囲と戻り範囲と2つに分けることで、一つの関数で両方に対応できるようになりました。

　画面1のような表があったとします。この表は、前節の「26. 縦方向（垂直方向）に検索して表示したい」の時に使ったのと同じ表です。

　今回は、XLOOKUP関数で、「県庁所在地」を入力して「都道府県名」を取得してみます。

　「都道府県名」と「県庁所在地」の入力された表を用意します。

　また、「都道府県名」を表示するセルと「県庁所在地」を入力するセルも作成しておきましょう。

画面1　「都道府県名」と「県庁所在地」の入力された表と、「都道府県名」を表示するセルと「県庁所在地」を入力するセルを作成した

	A	B
1	都道府県名	県庁所在地
2		盛岡
3		
4	都道府県名	県庁所在地
5	北海道	札幌
6	青森県	青森
7	岩手県	盛岡
8	宮城県	仙台
9	秋田県	秋田
10	山形県	山形
11	福島県	福島
12	茨城県	水戸
13	栃木県	宇都宮
14	群馬県	前橋
15	埼玉県	さいたま
16	千葉県	千葉

　B2の「県庁所在地」のセルに「盛岡」と入力しておいてから、A2のセルに、

```
=XLOOKUP(B2,B5:B16,A5:A16)
```

と入力します（画面2）。

　検索値に県庁所在地を入力したセルである、B2を指定します。「盛岡」と入力したセルです。検索範囲には、県庁所在地の入力されているB5:B16のセル範囲を指定します。この検索範囲内で「盛岡」を検索します。戻り範囲には都道府県名の入力されているA5:A16のセル範囲を指定します。検索値である「盛岡」に対応する「都道府県名」を検索します。

　VLOOKUP関数では、「列番号」を指定していた箇所が、戻り範囲としてセル範囲で指定できるようになりました。戻り範囲をセル範囲で指定できるようになったことで、垂直、水平、両方の検索に対応できるようになりました。

他の引数は省略しています。

画面2　A2のセルにXLOOKUP関数を指定した

　画面2の状態から、Enterキーを押下すると、「都道府県名」のA2のセルに、「県庁所在地」である「盛岡」に一致した、「都道府県名」が表示されます（画面3）。

A2	⌄	:	× ✓ *fx*	=XLOOKUP(B2,B5:B16,A5:A16)

	A	B	C	D	E
1	**都道府県名**	**県庁所在地**			
2	岩手県	盛岡			
3					
4	**都道府県名**	**県庁所在地**			
5	北海道	札幌			
6	青森県	青森			
7	岩手県	盛岡			
8	宮城県	仙台			
9	秋田県	秋田			
10	山形県	山形			
11	福島県	福島			
15	埼玉県				
16	千葉県	千葉			

XLOOKUP関数では、任意のデータを検索して表示させることができるよ。また、垂直、水平の両方向の検索に対応しているよ

それでは、実際にXLOOKUP関数が、水平方向の検索に対応しているかを確認してみましょう。

XLOOKUP関数で水平方向の検索を試す

使用するデータは、本章「25. 横方向（水平方向）に検索して表示したい」で使用したHLOOKUP関数のデータを使用します。

画面4のような、「氏名」と「住所」が表示されている表があります。「検索名」のセルに「氏名」を入力すると「住所」のセルに該当する人物の住所が表示されるようにしてみましょう。

画面4　氏名と住所の表を用意した

	A	B	C	D	E
1	氏名	夏目団子	久利船子	服部伴蔵	諸飛佐助
2	住所	愛媛県松山市道後湯の町110番地10号	京都府京都市伏見区深草元町267-13	愛媛県北宇和郡鬼北町深田257-1164	愛媛県松山市道後青葉台5番12号
3					
4	検索名	服部伴蔵			
5	住所				

B4の「検索名」のセルに「服部伴蔵」と入力をしておきます。その後、B5の「住所」のセルに、

```
=XLOOKUP(B4,B1:E1,B2:E2)
```

と入力します（画面5）。

　検索値に検索名を入力したセルである、B4を指定します。「服部伴蔵」と入力したセルです。検索範囲には、氏名の入力されているB1:E1のセル範囲を指定します。この検索範囲内で「服部伴蔵」を検索します。戻り範囲には住所の入力されているB2:E2のセル範囲を指定します。検索値である「服部伴蔵」に対応する「住所」を検索します。

画面5　B5の住所のセルにXLOOKUP関数を指定した

　画面5の状態から、Enterキーを押下すると、B5の「住所」のセルに、「服部伴蔵」に対応する住所が表示されます（画面6）。

画面6　「服部伴蔵」に対応する住所が表示された

　このように、XLOOKUP関数では、水平方向の検索にも対応できるようになりました。

指定した位置にある値を 表示したい〜 INDEX

 INDEX関数の使い方

INDEX関数を使うと、指定した位置にあるデータを表示させることができます。

> **書式　INDEX関数の書式**
>
> =INDEX(配列, 行番号, 列番号, 領域番号)

配列には、値を求めたいセル範囲を指定します（必須）。行番号には、配列の中で何行目に当たるかを指定します。先頭の行が1となります（必須）。列番号には、配列の中で何列目に当たるかを指定します。先頭の列が1となります（必須）。領域番号には、複数の領域を指定した場合のみ数値で指定します。最初に選択した領域が1となり、次の領域が2となります（任意）。

例えば画面1のような表があったとします。生徒の科目別の点数が入力されています。この中から、各生徒の「英語」の点数だけを取り出して表示してみましょう。

画面1　生徒の科目別点数表

	A	B	C	D	E
1	夏目団子君			英語の点数	
2	科目	点数			
3	数学	77			
4	国語	80			
5	英語	65			
6	化学	55			
7	世界史	87			
8	地理	68			
9	久利餡子君			英語の点数	
10	科目	点数			
11	数学	80			
12	国語	83			
13	英語	78			
14	化学	66			
15	世界史	77			
16	地理	59			

E1のセルに、

```
=INDEX((A3:B8,A11:B16),3,2,1)
```

と入力します（画面2）。

E9のセルにも、

```
=INDEX((A3:B8,A11:B16),3,2,2)
```

と入力します（画面3）。

　配列には、今回は、2名分の生徒のセル範囲を指定しています。複数のセル範囲を指定する場合は、カンマ (,) で区切って指定します。

　行番号には、「英語」が何行目に当たるかを指定しています。指定した範囲から数えるため、ともに「3」を指定しています。

　列番号には、「点数」の列番号を指定するので「2」を指定しています。

領域番号には、複数の領域を指定しているので、最初の領域を「1」、次の領域を「2」と指定しています。

　下にずっと生徒数を追加していくのであれば、領域番号は3,4,…と変更していくことになります。

<u>画面2　E1のセルにINDEX関数を指定した</u>

　同様にE9のセルにもINDEX関数を入力して、Enterキーを押下すると、画面3のように各生徒の「英語」の点数が表示されます。

画面3　各生徒の「英語」の点数が表示された

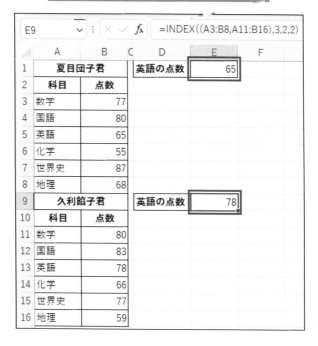

E9				fx	=INDEX((A3:B8,A11:B16),3,2,2)	
	A	B	C	D	E	F
1	夏目団子君			英語の点数	65	
2	科目	点数				
3	数学	77				
4	国語	80				
5	英語	65				
6	化学	55				
7	世界史	87				
8	地理	68				
9	久利餡子君			英語の点数	78	
10	科目	点数				
11	数学	80				
12	国語	83				
13	英語	78				
14	化学	66				
15	世界史	77				
16	地理	59				

INDEX関数では、指定した位置にあるデータを表示できるよ

一致する値が何番目にあるか を取得したい〜 MATCH

 MATCH関数の使い方

MATCH関数を使うと指定したデータから、一致する値が何番目にあるかを取得することができます。

書式　MATCH関数の書式

=MATCH(検査値, 検査範囲, 照合の型)

検査値には、検索する値またはセル範囲を指定します(必須)。検査範囲には、検索するセルの範囲を指定します(必須)。照合の型には、表1の型を指定します(任意)。

表1　照合の型

型	説明
1または省略	「検査値」以下の最大値を検索する。「検査範囲」のデータを昇順にしておく
0	「検査値」に一致する値のみ検索
-1	「検査値」以上の最小値を検索する。「検査範囲」のデータは降順にしておく

画面1のデータがあったとします。

「点数」に入力した点数が、点数の上から数えて何番目の点数になるかを取得してみます。今回は「点数」を昇順にソートしておきます。ソートに関してはExcelのメニューから行ってください。

**画面1　「点数」に入力した科目が、上から数えて
何番目の点数になるかを取得する表。「点数」で昇順ソートされている**

	A	B	C	D	E
1	夏目団子君				
2	科目	点数		点数	結果
3	地理	45			
4	世界史	53			
5	英語	65			
6	化学	66			
7	数学	77			
8	国語	80			

「点数」のセルD3に「77」と入力してE3のセルに、

```
=MATCH(D3,B3:B8,1)
```

と入力します（画面2）。

検査値には、「点数」の入力されている「D3」指定します。「77」と入力したセルです。検査範囲には、「点数」の範囲である「B3:B8」を指定します。「点数」を昇順でソートしていますので、照合の型には「1」を指定しています（表1参照）。

画面2　E3のセルにMATCH関数を指定した

E3		⋮	× ✓	fx	=MATCH(D3,B3:B8,1)	
	A	B	C	D	E	F
1	夏目団子君					
2	科目	点数		点数	結果	
3	地理	45		77	=MATCH(D3,B3:B8,1)	
4	世界史	53				
5	英語	65				
6	化学	66				
7	数学	77				
8	国語	80				

画面2の状態から、Enter キーを押下すると、「結果」のE3のセルに「5」と表示されます（画面3）。

「点数」のD3のセルに入力した、77の点数が、「点数」の中で上から5番目に位置しています。

画面3 「結果」のE3のセルに「5」と表示された

E3		✕ ✓ fx	=MATCH(D3,B3:B8,1)

	A	B	C	D	E	F
1	夏目団子君					
2	科目	点数		点数	結果	
3	地理	45		77	5	
4	世界史	53				
5	英語	65				
6	化学	66				
7	数学	77				
8	国語	80				

このように、指定した点数の値が何番目にあたるかを取得できます。照合の型を間違えずに指定することを忘れないでください。

今回はデータ自体も少ないので、MATCH関数の便利さは、余りわからないかもしれませんが、これが何千行も下に続いていると仮定した場合、点数の内容を変更するだけで、指定した点数が、上から何番目にあたるかを取得できるのは大変に効率がよく便利ではないでしょうか。

MATCH関数では、指定したデータから、一致する値が何番目に当たるかを取得できるよ

リストの中から指定した値を選択したい〜 CHOOSE

 CHOOSE関数の使い方

CHOOSE関数を使うと、リストの中から指定した値を取得することができます。

> **書式　CHOOSE関数の書式**
>
> =CHOOSE(インデックス, 値1, 値2,……値254)

インデックスには、値1〜値254のうち、何番目の値を選択するかを、1〜254の数値で指定します（必須）。値には、「インデックス」によって選択される値を指定します。値1は必須ですが、それ以降は任意です。

画面1のような表があったとします。「科目」と「点数」、「評価」と「結果」という欄を設けておきます。

画面1　「科目」と「点数」、「評価」と「結果」の欄を設けた表

	A	B	C	D
1	科目	点数	評価	結果
2	数学	77	4	
3	国語	85	5	
4	英語	91	5	
5	化学	54	2	
6	世界史	67	3	
7	地理	48	1	

D2のセルに、

```
=CHOOSE(C2,"不可","可","良","優","最高")
```

と入力します（画面2）。

　インデックスには、「評価」の「C2」のセルを指定しておきます。値には、インデックスによって選択される値を指定します。ここでは、（"不可","可","良","優","最高"）と指定しています。1のインデックスが「不可」、5が「最高」となります。

画面2　D2のセルにCHOOSE関数を指定した

	A	B	C	D	E	F	G
1	科目	点数	評価	結果			
2	数学	77	4	=CHOOSE(C2,"不可","可","良","優","最高")			
3	国語	85	5				
4	英語	91					
5	化学	54	2				
6	世界史	67					
7	地理	48					

D2　=CHOOSE(C2,"不可","可","良","優","最高")

　画面2の状態から、Enterキーを押下すると、「結果」のD2のセルに「優」と表示されます（画面3）。インデックスに「"不可","可","良","優","最高"」と指定していましたので、「評価」セルの「4」に該当する「優」が表示されたわけです。

画面3 D2の「結果」のセルに「優」と表示された

	A	B	C	D	E	F	G
					=CHOOSE(C2,"不可","可","良","優","最高")		
1	科目	点数	評価	結果			
2	数学	77	4	優			
3	国語	85	5				
4	英語	91	5				
5	化学	54	2				
6	世界史	67	3				
7	地理	48	1				

オートフィルを使って、D7まで数式をコピーすると、「結果」のセルに「評価」に対応した、「"不可","可","良","優","最高"」の値が表示されます（画面4）。

画面4 「結果」が表示された

	A	B	C	D	E	F	G
					=CHOOSE(C2,"不可","可","良","優","最高")		
1	科目	点数	評価	結果			
2	数学	77	4	優			
3	国語	85	5	最高			
4	英語	91	5	最高			
5	化学	54	2	可			
6	世界史	67	3	良			
7	地理	48	1	不可			

CHOOSE関数では、リストの中から指定した値を取得できるよ

条件を満たすレコードの値を 抽出したい〜 DGET

 DGET関数の使い方

　DGET関数を使うと、データの中から条件を満たすレコードの値を取得することができます。

書式　DGET関数の書式

=DGET(データベース,フィールド,条件)

　データベースには、データの入力されているセル範囲を指定します。見出し項目も含めます（必須）。フィールドには、値を取り出したい見出し項目を指定します（必須）。条件には、検索条件の入力されている範囲を指定します（必須）。

　画面1のような表があったとします。「製品名」、「分類」、「価格」の入力されたデータがあります。検索する「製品名」には「HoloLens」と入力されています。この「HoloLens」の価格をE4のセルに表示させてみます。

画面1 「製品名」、「分類」、「価格」の入力されたデータがある表

	A	B	C	D	E
1	製品名	分類	価格		製品名
2	ノートパソコン	パソコン	253500		HoloLens
3	タブレット	パソコン	198500		価格
4	KINECT	デバイス	24800		
5	HoloLens	デバイス	550000		
6	マウス	周辺機器	15000		
7	Bluetooth マウス	周辺機器	20000		
8	デジカメ	周辺機器	45000		

E4 のセルに、

```
=DGET(A1:C8,C1,E1:E2)
```

と入力します（画面2）。

　データベースには、項目名も含めた A1:C8 のセル範囲を指定します（必須）。フィールドには、「HoloLens」の「価格」を表示するので、C1 の「価格」の項目名を指定しています（必須）。条件には「HoloLens」と入力されている、「E1:E2」のセル範囲を、項目名を含めて指定します（必須）。データベースの項目名である「製品名」と検索する「製品名」の項目名は同じにしておく必要があります。

画面2 E4 のセルに DGET 関数を指定した

E1	⌄	:	× ✓ fx	=DGET(A1:C8,C1,E1:E2)	
	A	B	C	D	E	F
1	製品名	分類	価格		製品名	
2	ノートパソコン	パソコン	253500		HoloLens	
3	タブレット	パソコン	198500		価格	
4	KINECT	デバイス	24800		=DGET(A1:C8,C1,E1:E2)	
5	HoloLens	デバイス	550000			
6	マウス	周辺機器	15000			
7	Bluetooth マウス	周辺機器	20000			
8	デジカメ	周辺機器	45000			

画面2の状態から、Enterキーを押下すると、E4のセルに、「HoloLens」に対応した「価格」が表示されます（画面3）。

画面3　「HoloLens」の「価格」が表示された

| E4 | | fx | =DGET(A1:C8,C1,E1:E2) | |

	A	B	C	D	E
1	**製品名**	**分類**	**価格**		**製品名**
2	ノートパソコン	パソコン	253500		HoloLens
3	タブレット	パソコン	198500		**価格**
4	KINECT	デバイス	24800		550000
5	HoloLens	デバイス	550000		
6	マウス	周辺機器	15000		
7	Bluetooth マウス	周辺機器	20000		
8	デジカメ	周辺機器	45000		

「製品名」にいろいろな製品名を入力するとリアルタイムに価格が表示されます。

DGET関数では、データの中から、指定した条件を満たすレコードの値を取得できるよ

条件を満たすレコードの 合計を表示したい〜 DSUM

DSUM 関数の使い方

DSUM関数を使うと、データの中から条件を満たすレコードの合計を表示させることができます。

書式　DSUM関数の書式

=DSUM(データベース,フィールド,条件)

データベースには、データの入力されているセル範囲を指定します。見出し項目も含めます(必須)。フィールドには、合計を求める項目を指定します(必須)。条件には、条件が設定されているセル範囲を指定します(必須)。

例えば画面1のような表があったとします。この表は、前節の「31.条件を満たすレコードの値を抽出したい」で使用したのと同じ表ですが、検索する項目を「分類」にして、その「合計」を求めるようにしています。「分類」には「デバイス」と指定しています。

	A	B	C	D	E
1	製品名	分類	価格		分類
2	ノートパソコン	パソコン	253500		デバイス
3	タブレット	パソコン	198500		合計
4	KINECT	デバイス	24800		
5	HoloLens	デバイス	550000		
6	マウス	周辺機器	15000		
7	Bluetooth マウス	周辺機器	20000		
8	デジカメ	周辺機器	45000		

E4セルに、

```
=DSUM(A1:C8,C1,E1:E2)
```

と入力します（画面2）。

　データベースには、項目名も含めたA1:C8のセル範囲を指定します。フィールドには合計を求めるので、「価格」の項目名である「C1」を指定しておきます。条件には、「分類」に指定した「デバイス」と入力している「E1:E2」を指定します。検索用の項目名も含めて指定します。データベースの「項目名」と検索用の「項目名」は、同じである必要があります。

画面2　E4のセルにDSUM関数を指定した

| E1 | ∨ | : | × ✓ ƒx | =DSUM(A1:C8,C1,E1:E2) |

	A	B	C	D	E	F
1	製品名	分類	価格		分類	
2	ノートパソコン	パソコン	253500		デバイス	
3	タブレット	パソコン	198500		合計	
4	KINECT	デバイス	24800		=DSUM(A1:C8,C1,E1:E2)	
5	HoloLens	デバイス	550000			
6	マウス	周辺機器	15000			
7	Bluetooth マウス	周辺機器	20000			
8	デジカメ	周辺機器	45000			

　画面2の状態から、Enterキーを押下すると、E4の「合計」のセルに、「分類」が「デバイス」である「価格」の合計が表示されます（画面3）。

画面3　「分類」が「デバイス」製品の合計が表示された

E4	⌄	：	×	✓	fx	=DSUM(A1:C8,C1,E1:E2)

	A	B	C	D	E
1	製品名	分類	価格		分類
2	ノートパソコン	パソコン	253500		デバイス
3	タブレット	パソコン	198500		合計
4	KINECT	デバイス	24800		574800
5	HoloLens	デバイス	550000		
6	マウス	周辺機器	15000		
7	Bluetooth マウス	周辺機器	20000		
8	デジカメ	周辺機器	45000		

DSUM関数では、データの中から、指定した条件を満たすレコードの合計を取得できるよ

条件を満たすレコードの 平均値を表示したい〜 DAVERAGE

 ## DAVERAGE関数の使い方

DAVERAGE関数を使うと、データの中から、条件を満たすレコードの平均値を表示させることができます。

書式 DAVERAGE関数の書式

=DAVERAGE(データベース, フィールド, 条件)

データベースには、データの入力されているセル範囲を指定します。見出し項目も含めます(必須)。フィールドには、平均を求める項目を指定します(必須)。条件には、条件が設定されているセル範囲を指定します(必須)。

前節の「32.条件を満たすレコードの合計を表示したい」の表を使用します。「合計」の項目名を「平均」と書き換えておきます。「分類」には「デバイス」と指定しておきます(画面1)。

画面1 「分類」に指定した「デバイス」の平均金額を求める表

	A	B	C	D	E
1	製品名	分類	価格		分類
2	ノートパソコン	パソコン	253500		デバイス
3	タブレット	パソコン	198500		平均
4	KINECT	デバイス	24800		
5	HoloLens	デバイス	550000		
6	マウス	周辺機器	15000		
7	Bluetooth マウス	周辺機器	20000		
8	デジカメ	周辺機器	45000		

E4の「平均」のセルに、

```
=DAVERAGE(A1:C8,C1,E1:E2)
```

と入力します（画面2）。

　データベースには、項目名も含めたA1:C8のセル範囲を指定します。フィールドには平均を求めるので、「価格」の項目名である「C1」を指定しておきます。条件には、「分類」に指定した「デバイス」と入力している「E1:E2」を指定します。検索用の項目名も含めて指定します。データベースの「項目名」と検索用の「項目名」は、同じである必要があります。

画面2　E4のセルにDAVERAGE関数を指定した

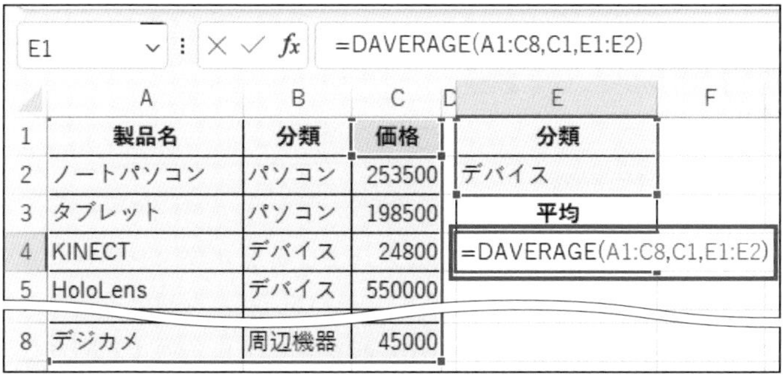

　画面2の状態から、[Enter]キーを押下すると、E4の「平均」のセルに、「分類」が「デバイス」である「価格」の平均が表示されます（画面3）。

画面3　「価格」の平均が表示された

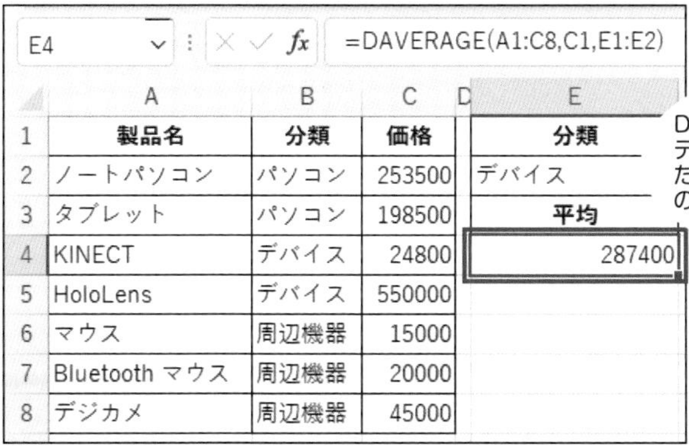

DAVERAGE関数では、データの中から、指定した条件を満たすレコードの平均値を取得できるよ

34 条件を満たすレコードの セルの個数を表示したい ～ DCOUNT

 DCOUNT関数の使い方

DCOUNT関数を使うと、入力されているデータから、条件を満たすレコードのセルの個数を取得することができます。

書式　DCOUNT関数の書式

=DCOUNT(データベース, フィールド, 条件)

データベースには、データの入力されているセル範囲を指定します。見出し項目も含めます(必須)。フィールドには、個数を数える項目名のセルを指定します(必須)。条件は、条件が設定されているセル範囲を指定します(必須)。

前節の「33.条件を満たすレコードの平均値を表示したい」で使用した表を、すこし変更して使用します。検索項目は「価格」とし、値には、ここでは「>30000 (3万より大きい)」と指定してみます。比較演算子を用いて「>30000」と指定します。「3万より大きい」価格の個数を「結果」に表示させます(画面1)。

画面1　「価格」に「3万より大きい（>30000）」という条件を指定している表

	A	B	C	D	E
1	製品名	分類	価格		価格
2	ノートパソコン	パソコン	253500		>30000
3	タブレット	パソコン	198500		結果
4	KINECT	デバイス	24800		
5	HoloLens	デバイス	550000		
6	マウス	周辺機器	15000		
7	Bluetooth マウス	周辺機器	20000		
8	デジカメ	周辺機器	45000		

E4のセルに、

```
=DCOUNT(A1:C8,C1,E1:E2)
```

と入力します（画面2）。

　データベースには、項目名も含めたA1:C8のセル範囲を指定します。
フィールドには、「価格」が30000より大きい個数を求めますので、「価
格」の「C1」の項目名を指定します。個数を数える項目が「価格」になりま
す。条件には、データベースの項目名と同じ「価格」に「>30000」と記述し
た「E1:E2」を指定しています。

画面2　E4の「結果」セルにDCOUNT関数を指定した

E1	: × ✓ fx	=DCOUNT(A1:C8,C1,E1:E2)			
	A	B	C	D	E	F
1	製品名	分類	価格		価格	
2	ノートパソコン	パソコン	253500		>30000	
3	タブレット	パソコン	198500		結果	
4	KINECT	デバイス	24800		=DCOUNT(A1:C8,C1,E1:E2)	
5	HoloLens	デバイス	550000			
6	マウス	周辺機器	15000			
7	Bluetooth マウス	周辺機器	20000			
8	デジカメ	周辺機器	45000			

画面2の状態から、Enterキーを押下すると、E4の「結果」セルに、「価格」が30000より大きい個数が表示されます（画面3）。

画面3 「価格」が30000より大きい個数が表示された

E4			fx	=DCOUNT(A1:C8,C1,E1:E2)

	A	B	C	D	E
1	製品名	分類	価格		価格
2	ノートパソコン	パソコン	253500		>30000
3	タブレット	パソコン	198500		結果
4	KINECT	デバイス	24800		4
5	HoloLens	デバイス	550000		
6	マウス	周辺機器	15000		
7	Bluetooth マウス	周辺機器	20000		
8	デジカメ	周辺機器	45000		

DCOUNT関数では、データから、指定した条件を満たすレコードの個数を取得できるよ

条件を満たすレコードの空白ではないセルの個数を取得したい〜 DCOUNTA

 DCOUNTA関数の使い方

DCOUNTA関数を使うと、データの中から、条件を満たす空白ではないセルの個数を取得することができます。

書式　DCOUNTA関数の書式

=DCOUNTA(データベース, フィールド, 条件)

データベースには、データの入力されているセル範囲を指定します。見出し項目も含めます(必須)。フィールドには、データの個数を数えたい項目を指定します(任意)。省略するとレコード全体を処理の対象とします。条件には、検索条件の入力されているセル範囲を指定します(必須)。

前節の「34.条件を満たすレコードのセルの個数を表示したい」で使用した、DCOUNT関数との違いは、DCOUNT関数は、数値の入力されているセルを数えますが、DCOUNTA関数は、数値のほかに文字や式の入力されているセルも数える点が異なります。

画面1のような表があったとします。条件の分類に「周辺機器」、「価格」に「未定」と指定しておきます。データベースの「価格」には、何カ所か「未定」とした文字列も入力してあります。この「未定」の個数を取得してみます。

	A	B	C	D	E	F	G
1	製品名	分類	価格		条件		結果
2	ノートパソコン	パソコン	253500		分類	価格	
3	タブレット	パソコン	198500		周辺機器	未定	
4	KINECT	デバイス	24800				
5	HoloLens	デバイス	550000				
6	マウス	周辺機器	15000				
7	Bluetooth マウス	周辺機器	20000				
8	デジカメ	周辺機器	45000				
9	SSD 1TB	周辺機器	未定				
10	ハードディスク 1TB	周辺機器	未定				

G2のセルに、

```
=DCOUNTA(A1:C10,C1,E2:F3)
```

と入力します（画面2）。

　データベースには、項目名も含めたA1:C10のセル範囲を指定します。フィールドには「C1」の「価格」を指定します。「未定」と入力されているセルの個数を数える項目が、「価格」になります。条件には「E2:F3」と項目名を含めたセル範囲を指定します。「分類」が「周辺機器」、「価格」が「未定」となっています。検索する「分類」、「価格」はデータベースの「項目名」と同じにしておく必要があります。

E2	∨ : × ✓ fx	=DCOUNTA(A1:C10,C1,E2:F3)						
	A	B	C	D	E	F	G	H
1	製品名	分類	価格		条件		結果	
2	ノートパソコン	パソコン	253500		分類	=DCOUNTA(A1:C10,C1,E2:F3)		
3	タブレット	パソコン	198500		周辺機器	未定		
4	KINECT	デバイス	24800					
5	HoloLens	デバイス	550000					
6	マウス	周辺機器	15000					
7	Bluetooth マウス	周辺機器	20000					
8	デジカメ	周辺機器	45000					
9	SSD 1TB	周辺機器	未定					
10	ハードディスク 1TB	周辺機器	未定					

　画面2の状態から、Enterキーを押下すると、G2の「結果」セル内に、「分類」が「周辺機器」で「価格」が「未定」の個数が表示されます（画面3）。

画面3　「分類」が「周辺機器」で「価格」が「未定」の個数が表示された

| G2 | ∨ : × ✓ fx | =DCOUNTA(A1:C10,C1,E2:F3) |

	A	B	C	D	E	F	G
1	製品名	分類	価格		条件		結果
2	ノートパソコン	パソコン	253500		分類	価格	2
3	タブレット	パソコン	198500		周辺機器	未定	
4	KINECT	デバイス	24800				
5	HoloLens	デバイス	550000				
6	マウス	周辺機器	15000				
7	Bluetooth マウス	周辺機器	20000				
8	デジカメ	周辺機器	45000				
9	SSD 1TB	周辺機器	未定				
10	ハードディスク 1TB	周辺機器	未定				

　DCOUNTA関数を使うと、「価格」に「未定」という文字列が入力されているセルの個数が、正常にカウントされています。

DCOUNTA関数では、データの中から、指定した条件を満たす空白ではないセルの個数を取得できるよ

条件を満たすレコードの 最小（最大）値を求めたい 〜 DMIN（DMAX）

 DMIN（DMAX）関数の使い方

DMIN（DMAX）関数を使うと、データの中から、条件を満たすレコードの最小値（最大値）を取得することができます。

書式　DMIN関数の書式

=DMIN(データベース, フィールド, 条件)

書式　DMAX関数の書式

=DMAX(データベース, フィールド, 条件)

データベースには、各列の見出しが入力されているデータの範囲を指定します（必須）。フィールドには、最小値（最大値）を取り出すための、対象とする列の項目を指定します（必須）。条件には、条件が設定されているセル範囲を指定します（必須）。

例えば画面1のような表があったとします。科目別の点数表があり、検索条件として「性別」を指定して、その性別の中で「数学」の点数が一番低い点数を表示させてみましょう。

画面1　科目別の点数と、検索条件を入力する表がある

	A	B	C	D	E	F	G
1	氏名	性別	数学	英語	国語		条件
2	薬師寺国安	男性	65	95	77		性別
3	夏目団子	女性	68	45	70		女性
4	久利餡子	女性	80	78	82		数学最低点
5	阪神虎雄	男性	55	68	71		
6	愛媛蜜柑	女性	73	88	90		
7	猿飛佐助	男性	81	78	90		
8	紫式部	女性	76	88	89		
9	服部伴蔵	男性	88	72	69		

G5セルに、

`=DMIN(A1:E9,C1,G2:G3)`

と入力します（画面2）。

　データベースには、項目名も含めたA1:E9のセル範囲を指定します。
フィールドには数学の最低点を求めるので、「数学」の列の項目である「C1」
を指定しておきます。条件には、「性別」に「女性」と指定した、「G2:G3」
のセル範囲を指定します。条件の「性別」の項目名は、データベースの「項
目名」と同じにしておく必要があります。

画面2　G5のセルにDMIN関数を指定した

G2		⁝ × ✓ fx	=DMIN(A1:E9,C1,G2:G3)				
	A	B	C	D	E	F	G	H
1	氏名	性別	数学	英語	国語		条件	
2	薬師寺国安	男性	65	95	77		性別	
3	夏目団子	女性	68	45	70		女性	
4	久利餡子	女性	80	78	82		数学最低点	
5	阪神虎雄	男性	55	68	71		=DMIN(A1:E9,C1,G2:G3)	
6	愛媛蜜柑	女性	73	88	90			
7	猿飛佐助	男性	81	78	90			
8	紫式部	女性	76	88	89			
9	服部伴蔵	男性	88	72	69			

画面2の状態から、Enterキーを押下すると、「性別」に指定した、「女性」の中の最低の数学の点数が表示されます（画面3）。

画面3 「性別」が「女性」の中から「数学」が最低の点数が表示された

	A	B	C	D	E	F	G
							=DMIN(A1:E9,C1,G2:G3)
1	氏名	性別	数学	英語	国語		条件
2	薬師寺国安	男性	65	95	77		性別
3	夏目団子	女性	68	45	70		女性
4	久利餡子	女性	80	78	82		数学最低点
5	阪神虎雄	男性	55	68	71		68
6	愛媛蜜柑	女性	73	88	90		
7	猿飛佐助	男性	81	78	90		
8	紫式部	女性	76	88	89		
9	服部伴蔵	男性	88	72	69		

（セル G5 選択、数式バー: =DMIN(A1:E9,C1,G2:G3)）

DMIN関数では、指定した条件を満たすレコードの最小値を取得できるよ

次に、検索条件として「性別」に「男性」を指定して、その性別の中で「数学」の点数が一番高い点数を表示させてみましょう。

G5セルに、

```
=DMAX(A1:E9,C1,G2:G3)
```

と入力します（画面4）。

データベースには、項目名も含めたA1:E9のセル範囲を指定します。フィールドには数学の最高点を求めるので、「数学」の列の項目である「C1」を指定しておきます。条件には、「性別」に「男性」と指定した、「G2:G3」のセル範囲を指定します。条件の「性別」の項目名はデータベースの「項目

名」と同じにしておく必要があります。

画面4　G5のセルにDMAX関数を指定した

	A	B	C	D	E	F	G	H
	G2						=DMAX(A1:E9,C1,G2:G3)	
1	氏名	性別	数学	英語	国語		条件	
2	薬師寺国安	男性	65	95	77		性別	
3	夏目団子	女性	68	45	70		男性	
4	久利餡子	女性	80	78	82		数学最高点	
5	阪神虎雄	男性	55	68	71		=DMAX(A1:E9,C1,G2:G3)	
6	愛媛蜜柑	女性	73	88	90			
7	猿飛佐助	男性	81	78	90			
8	紫式部	女性	76	88	89			
9	服部伴蔵	男性	88	72	69			

　画面4の状態から、Enter キーを押下すると、「性別」に指定した、「男性」の中の最高の数学の点数が表示されます（画面5）。

画面5　「性別」が「男性」の中から「数学」が最高の点数が表示された

	A	B	C	D	E	F	G
	G5						=DMAX(A1:E9,C1,G2:G3)
1	氏名	性別	数学	英語	国語		条件
2	薬師寺国安	男性	65	95	77		性別
3	夏目団子	女性	68	45	70		男性
4	久利餡子	女性	80	78	82		数学最高点
5	阪神虎雄	男性	55	68	71		88
6	愛媛蜜柑	女性	73	88	90		
7	猿飛佐助	男性	81	78	90		
8	紫式部	女性	76	88	89		
9	服部伴蔵	男性	88	72	69		

DMAX関数では、指定した条件を満たすレコードの最大値を取得できるよ

文字列を比較して同じか確認したい〜 EXACT

 EXACT関数の使い方

EXACT関数を使うと、入力された文字列を比較して同じ文字列かどうかを検証することができます。

書式　EXACT関数の書式

=EXACT(文字列1, 文字列2)

文字列1には、比較する一方の文字列を指定します（必須）。文字列2には、比較する、もう一方の文字列を指定します（必須）。2つの文字列を比較して同じであればTRUEを、異なる場合はFALSEを返します。大文字と小文字は区別され、全角と半角も区別されます。

画面1のような表があったとします。2つの文字列を入力して、同じかどうかを判別してみます。

画面1　2つの文字列を入力したセルがある表

	A	B
1	文字列1	文字列2
2	HoloLens	HOLOLENS
4	結果	

B4のセルに、

=EXACT(A2,B2)

と入力します（画面2）。

　A2のセルには「HoloLens」、B2のセルには「HOLOLENS」と入力してあります。

画面2　B4の「結果」セルにEXACT関数を指定した

B2	▼ ⋮	✕ ✓ fx	=EXACT(A2,B2)	
	A	B	C	D
1	**文字列1**	**文字列2**		
2	HoloLens	HOLOLENS		
4	**結果**	=EXACT(A2,B2)		

　画面2の状態から、Enter キーを押下すると、B4のセルには「FALSE」と表示されます（画面3）。EXACT関数は、大文字と小文字を区別するので「FALSE」となります。

画面3　結果がB4のセルに表示された

B4	▼ ⋮	✕ ✓ fx	=EXACT(A2,B2)	
	A	B	C	D
1	**文字列1**	**文字列2**		
2	HoloLens	HOLOLENS		
4	**結果**	FALSE		

EXACT関数では、入力された文字列を比較して、あっているかどうかを検証できるよ。大文字と小文字は区別されるよ

2つの値が等しいか調べたい ～ DELTA

 DELTA関数の使い方

DELTA関数を使うと、入力されている2つの値が、等しいかどうかを調べることができます。

=DELTA(数値1, 数値2)

数値1には、比較したい数値の2つのうち、一方の数値を指定します（必須）。数値2には、比較したい数値の2つのうち、もう一方の数値を指定します（任意）。省略した場合は0が指定されたものとみなされます。2つの数値を比較して、同じである場合は「1」を、異なる場合は「0」を返します。

画面1のような表があったとします。「合計」と「結果」のセルも用意しておきます。「合計」のセル（E1）には350と入力しておきます。「点数」の合計が350になるかどうかをチェックして、「結果」セルに表示します。

画面1 「科目」と「点数」の入力された表

	A	B	C	D	E
1	科目	点数		合計	350
2	数学	77		結果	
3	国語	82			
4	英語	86			
5	化学	64			
6	生物	67			
7	情報	86			
8	音楽	71			

「合計」のセル（E1）には「350」と入力して、「結果」のE2のセルには、

```
=DELTA(E1,SUM(B2:B8))
```

と入力します（画面2）。

数値1には、350と入力した「合計」のE1のセルを指定します。数値2には、SUM関数を使って、「点数」のB2:B8のセル範囲を指定して、その合計を求めています。「点数」の合計が、E1のセルに入力した350と等しいかどうかをチェックします。SUM関数は合計を求める関数ですが、詳細についてはChapter03で詳説しています。

画面2の状態から、Enterキーを押下すると、E2には「0」と表示されます。「点数」の合計が「350」ではないから、等しくない（0）と表示されます（画面3）。

「点数」の合計は「533」なので、E1のセルに「533」と入力すると「1」と表示されます。試してみてください。

画面2　「結果」のE2のセルにDELTA関数を指定した

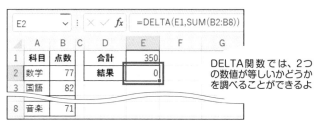

画面3　「結果」には「0」と表示された

DELTA関数では、2つの数値が等しいかどうかを調べることができるよ

合計、平均、データの
個数を取得する関数を
使いこなそう！

合計を取得したい〜 SUM

 SUM関数の使い方

SUM関数を使うと、データの合計を取得することができます。

書式 SUM関数の書式

=SUM(数値1, 数値2,……)

　数値には、合計を求めたい数値を指定します。255個まで指定が可能です。セル範囲での指定も可能です(必須)。

　画面1のような表があったとします。製品名と売上げの入力された表です。

画面1 製品名と売上げの入力された表

	A	B
1	**製品名**	**売上**
2	ノートパソコン	2567800
3	デスクトップパソコン	3591200
4	KINECT	2514300
5	HoloLens	6584500
6	マウス	258000
7	デジカメ	1026000
8	プリンター	2252600
9	**合計金額**	

「合計金額」のセルB9に、

=SUM(B2:B8)

と入力します（画面2）。

　数値には、「売上」の「B2:B8」のセル範囲を指定していますが、指定する場合は、まず「=SUM(」と入力しておいてから、マウスで範囲を選択すると簡単です。直接手で入力するより格段に効率がいいでしょう。

画面2　B9の「合計金額」のセルにSUM関数を指定した

	A	B
1	製品名	売上
2	ノートパソコン	2567800
3	デスクトップパソコン	3591200
4	KINECT	2514300
5	HoloLens	6584500
6	マウス	258000
7	デジカメ	1026000
8	プリンター	2252600
9	合計金額	=SUM(B2:B8)

　画面2の状態から、Enterキーを押下すると、画面3のように「製品名」全ての、「売上」の合計金額が表示されます。

画面3　「売上」の合計金額が表示された

B9		✕ ✓ fx	=SUM(B2:B8)

	A	B
1	製品名	売上
2	ノートパソコン	2567800
3	デスクトップパソコン	3591200
4	KINECT	2514300
5	HoloLens	6584500
6	マウス	258000
7	デジカメ	1026000
8	プリンター	2252600
9	合計金額	18794400

SUM関数では、金額の合計を求めることができるよ

条件に一致するセル内の値の合計を取得したい〜 SUMIF

 ## SUMIF関数の使い方

　SUMIF関数を使うと、データの中から条件に一致する値の合計を取得できます。

書式　SUMIF関数の書式

=SUMIF(範囲, 検索条件, 合計範囲)

　範囲には、検索の対象とするセルの範囲を指定します（必須）。空白と文字列は無視されます。検索条件には、範囲の中から、セルを検索するための条件を数値や文字列で指定します（必須）。合計範囲には、合計したい値が入力されているセル範囲を指定します（任意）。省略すると範囲で指定されたセル（条件が適用されるセル）が加算されます。

　画面1のような表があったとします。検索条件に、「指定した製品名を除く」というセルに入力された製品名以外の合計金額を求めるようにします。「指定した製品名を除く」というセルを設けておき、HoloLensという製品名を除くように指定しておきます。

画面1　「指定した製品名を除く」と言うセルを追加した、「製品名」と「売上」の入力された表

	A	B
1	製品名	売上
2	ノートパソコン	2567800
3	デスクトップパソコン	3591200
4	KINECT	2514300
5	HoloLens	6584500
6	マウス	258000
7	デジカメ	1026000
8	プリンター	2252600
9	合計金額	
10		
11	指定した製品名を除く	<>HoloLens

　「HoloLens」だけを除いた合計金額を求める場合には、「指定した製品名を除く」のB11のセルに、

```
<>HoloLens
```

と指定します。
　指定する製品名の前に比較演算子が必要です。単にHoloLensと入力すると、HoloLensだけの金額が表示されるので注意してください。また、100000以上の製品の合計を求めたい場合には、

```
>=100000
```

　100000以下の製品の合計を求めたい場合には、

```
<=100000
```

と入力します。
　B9の「合計金額」のセルに、

```
=SUMIF(A2:A8,B11,B2:B8)
```

と入力します（画面2）。

　範囲には、「製品名」の「A2:A8」のセル範囲を指定します。検索条件には「<>HoloLens」と入力している「B11」のセルを指定します。「合計範囲」には、検索条件に一致した「売上」の合計を求めるので、「B2:B8」のセル範囲を指定します。

画面2　「合計金額」のB9のセルに、条件を指定したSUMIF関数を指定した

B2	∨	:	×	✓	fx	=SUMIF(A2:A8,B11,B2:B8)

	A	B	C	D
1	**製品名**	**売上**		
2	ノートパソコン	2567800		
3	デスクトップパソコン	3591200		
4	KINECT	2514300		
5	HoloLens	6584500		
6	マウス	258000		
7	デジカメ	1026000		
8	プリンター	2252600		
9	**合計金額**	=SUMIF(A2:A8,B11,B2:B8)		
10				
11	指定した製品名を除く	<>HoloLens		

　画面2の状態で、Enter キーを押下すると、画面3のようにHoloLensの売上だけを省いた合計金額が表示されます。

画面3　HoloLensを省いた製品の合計金額が表示された

| | B9 | ⌄ | ⋮ | ✕ | ✓ | *fx* | =SUMIF(A2:A8,B11,B2:B8) |

	A	B	C	D
1	**製品名**	**売上**		
2	ノートパソコン	2567800		
3	デスクトップパソコン	3591200		
4	KINECT	2514300		
5	HoloLens	6584500		
6	マウス	258000		
7	デジカメ	1026000		
8	プリンター	2252600		
9	**合計金額**	12209900		
10				
11	指定した製品名を除く	<>HoloLens		

SUMIF関数では、条件
に一致する値の合計を取
得できるよ

複数の条件に一致するセル
の値の合計を取得したい
～ SUMIFS

 SUMIFS関数の使い方

　SUMIFS関数を使うと、データの中から、複数の条件に一致する値の合計を取得できます。

書式　SUMIFS関数の書式

=SUMIFS(合計対象範囲, 条件範囲1, 条件1, 条件範囲2, 条件2, ……)

　合計対象範囲には、合計する値の入力されているセル範囲を指定します（必須）。条件範囲1に、は検索の対象となるセル範囲を指定します（必須）。条件1には、条件範囲1の中からセルを検索するための条件を、数値や文字列で指定します（必須）。条件範囲2と条件2の指定は上記に同じで、これを含む以降は任意となります。

　画面1のような表があったとします。「製品名」、「分類」、「売上」が入力されています。検索の条件として2つの条件を指定します。ここでは、「パソコン」分類以外（<>パソコン）で売上が「1000000」以上（>=1000000）の合計金額を求めるようにしています。ここで指定する条件には、先頭に必ず比較演算子を追加するのを忘れないようにしてください。

　C12の「合計金額」のセルに、

=SUMIFS(C2:C11,B2:B11,B14,C2:C11,B15)

と入力します（画面2）。

　合計対象範囲　には「売上」の「C2:C11」を指定します。

画面1　2つの条件の指定された売上の表がある

	A	B	C
1	**製品名**	**分類**	**売上**
2	ノートパソコン	パソコン	2567800
3	デスクトップパソコン	パソコン	3591200
4	Surface Pro	タブレット	3355500
5	Surface Go	タブレット	1025000
6	KINECT	デバイス	2514300
7	HoloLens	デバイス	6584500
8	Leap Motion	デバイス	554000
9	マウス	周辺機器	258000
10	デジカメ	周辺機器	1026000
11	プリンター	周辺機器	2252600
12	**合計金額**		
14	指定した分類を除く	<>パソコン	
15	売上条件の指定	>=1000000	

　条件範囲1には、「分類」の「B2:B11」を指定します。条件1には、「B14」
のセルを指定し、「指定した分類を除く」に指定した「パソコン」を除きま
す。条件範囲2には「売上」の「C2:C11」を指定します。条件2には、今度
は「B15」のセルを指定し、「売上条件の指定」に指定した1000000以上
（>=1000000）の金額を指定しています。

画面2　C12の「合計金額」にSUMIFS関数を指定した

| SUM | ▼ | ✕ ✓ | *fx* | =SUMIFS(C2:C11,B2:B11,B14,C2:C11,B15) |

	A	B	C	D	E	F
1	**製品名**	**分類**	**売上**			
2	ノートパソコン	パソコン	2567800			
3	デスクトップパソコン	パソコン	3591200			
9	マウス		258000			
10	デジカメ	周辺機器	1026000			
11	プリンター	周辺機器	2252600			
12	**合計金額**		=SUMIFS(C2:C11,B2:B11,B14,C2:C11,B15)			
14	指定した分類を除く	<>パソコン				
15	売上条件の指定	>=1000000				

画面2の状態から、Enterキーを押下すると、「合計金額」に「パソコン」の分類を除いた、1000000以上の金額の合計が表示されます（画面3）。

画面3　条件に合致した合計金額が表示された

| C12 | ▼ | ⋮ | × ✓ fx | =SUMIFS(C2:C11,B2:B11,B14,C2:C11,B15) |

	A	B	C	D	E	F
1	製品名	分類	売上			
2	ノートパソコン	パソコン	2567800			
3	デスクトップパソコン	パソコン	3591200			
4	Surface Pro	タブレット	3355500			
5	Surface Go	タブレット	1025000			
6	KINECT	デバイス	2514300			
7	HoloLens	デバイス	6584500			
8	Leap Motion	デバイス	554000			
9	マウス	周辺機器	258000			
10	デジカメ	周辺機器	1026000			
11	プリンター	周辺機器	2252600			
12	合計金額		16757900			
14	指定した分類を除く	<>パソコン				
15	売上条件の指定	>=1000000				

SUMIFS関数では、複数の条件に一致する値の合計を取得できるよ

平均値を取得したい
〜 AVERAGE

 ## AVERAGE関数の使い方

AVERAGE関数を使うと、データから平均値を取得することができます。

書式　AVERAGE関数の書式

=AVERAGE(数値1, 数値2,……)

　数値に、平均を求めたい数値を指定します（必須）。255個まで指定が可能です。セル範囲の指定も可能です。

　画面1のような表があったとします。科目別に点数が表示されています。

画面1　科目別の点数の表示された表

	A	B
1	科目	点数
2	数学	88
3	国語	90
4	英語	78
5	世界史	65
6	化学	80
7	物理	66
8	情報	92
9	倫理	73
10	**平均点**	

「平均点」のセルB10に、

```
=AVERAGE(B2:B9)
```

と入力します（画面2）。

数値には、平均を求めたい「点数」のセル範囲、B2:B9を指定します。

画面2　「平均点」のB10のセルにAVERAGE関数を指定した

B2		: × ✓ f_x	=AVERAGE(B2:B9)		
	A	B	C	D	E
1	科目	点数			
2	数学	88			
6	化学	80			
7	物理	66			
8	情報	92			
9	倫理	73			
10	平均点	=AVERAGE(B2:B9)			

画面2の状態から、[Enter]キーを押下すると、画面3のように全科目の「点数」の平均点が表示されます。

画面3　全科目の「点数」の平均点が表示された

B10		: × ✓ f_x	=AVERAGE(B2:B9)		
	A	B	C	D	E
1	科目	点数			
2	数学	88			
3	国語	90			
4	英語	78			
5	世界史	65			
6	化学	80			
7	物理	66			
8	情報	92			
9	倫理	73			
10	平均点	79			

AVERAGE関数では、指定したデータの平均値を求めることができるよ

文字列データも含めたセルの平均値を取得したい 〜 AVERAGEA

 AVERAGEA関数の使い方

AVERAGEA関数を使うと、文字列データも含めた、セルの平均値を取得することができます。

書式　AVERAGEA関数の書式

=AVERAGEA(値1, 値2,……)

値1には、平均を求める値を指定します（必須）。255個までの指定が可能です。セル範囲の指定が可能です。値2には、値1以外に平均を求めたい値、またはセル範囲を指定します（任意）。

先に解説した、前節の「04.平均値を取得したい」のAVERAGE関数は、数値の入力されたセルが計算の対象になり、文字列、空白セルは計算の対象にはなりません。

今回のAVERAGEA関数は、空白セルを除くすべてが計算の対象になります。文字列は「0」と判断され、空白のセルは計算外となります。

画面1のような表があったとします。但し、何科目かの「点数」に「欠席」と入力して、平均値を求めてみましょう。

画面1 「点数」に欠席と入力されたデータがある

	A	B
1	科目	点数
2	数学	88
3	国語	90
4	英語	78
5	世界史	欠席
6	化学	80
7	物理	欠席
8	情報	92
9	倫理	欠席
10	平均点	

B10の「平均点」のセルに、

```
=AVERAGEA(B2:B9)
```

と入力します（画面2）。

値1には、「欠席」という文字列の含まれた、B2:B9のセル範囲を指定しています。

画面2　B10のセルに AVERAGEA関数を指定した

	A	B	C	D	E
	B2	∨	⋮ × ✓ fx	=AVERAGEA(B2:B9)	
1	科目	点数			
2	数学	88			
3	国語	90			
4	英語	78			
5	世界史	欠席			
6	化学	80			
7	物理	欠席			
8	情報	92			
9	倫理	欠席			
10	平均点	=AVERAGEA(B2:B9)			

画面3　「欠席」の科目も含めた 平均点が表示された

	A	B	C
	B10	∨	⋮ × ✓ fx
1	科目	点数	
2	数学	88	
3	国語	90	
4	英語	78	
5	世界史	欠席	
6	化学	80	
7	物理	欠席	
8	情報	92	
9	倫理	欠席	
10	平均点	53.5	

画面2の状態で、Enterキーを押下すると、画面3のように平均点が表示されますが、AVERAGEA関数では、「欠席」含めた科目数で平均点が求められており、「欠席」の文字列は0と判断されています。もし、「欠席」の科目を除いた平均点を求めたい場合は、先に解説したAVERAGE関数を使用するといいでしょう。

AVERAGEA関数では文字列データも含めた、セルの平均値を取得できるよ

Chapter 03

条件に一致するセル の平均値を取得したい 〜 AVERAGEIF

 AVERAGEIF関数の使い方

　AVERAGEIF関数を使うと、データの中から、条件に一致するセルの平均値を取得することができます。

> **書式　AVERAGEIF関数の書式**
>
> =AVERAGEIF(範囲, 検索条件, 平均対象範囲)

　範囲には、検索の対象とするセル範囲を指定します（必須）。検索条件には、範囲の中からセルを検索するための条件を、数値、式、セル範囲、文字列で指定します（必須）。平均対象範囲には、平均を求めるセルを指定します（任意）。省略すると範囲が使用され、空白セルは無視されます。

　画面1のような表があったとします。「製品名」、「分類」、「売上」が入力されています。検索の条件として「指定した分類を除く」という欄を設けて、ここでは「<>パソコン」と入力しています。要は「分類」がパソコン以外の平均売上を求めることになります。「パソコン以外」ということを表すために、必ず先頭に比較演算子の「<>」を付加することを忘れないでください。金額を指定する場合などは「>1000000（1000000より大きい）」、「<1000000（1000000より小さい）」というように、かならず先頭に比較演算子を付けます。

	A	B	C
1	**製品名**	**分類**	**売上**
2	ノートパソコン	パソコン	2567800
3	デスクトップパソコン	パソコン	3591200
4	Surface Pro	タブレット	3355500
5	Surface Go	タブレット	1025000
6	KINECT	デバイス	2514300
7	HoloLens	デバイス	6584500
8	Leap Motion	デバイス	554000
9	マウス	周辺機器	258000
10	デジカメ	周辺機器	1026000
11	プリンター	周辺機器	2252600
12	**指定した条件の平均売上**		
13			
14	**指定した分類を除く**	<>パソコン	

C12の「指定した条件の平均売上」のセルに、

```
=AVERAGEIF(B2:B11,B14,C2:C11)
```

と入力します（画面2）。

　範囲には「分類」の「B2:B11」を指定します。検索条件には、「指定した分類を除く」の「<>パソコン」と入力した、「B14」のセルを指定します。平均対象範囲には、「売上」の「C2:C11」のセル範囲を指定しています。これで、「分類」が「パソコン」以外の平均売上が表示されます。

画面2　「指定した条件の平均売上」のC12のセルに、AVERAGEIF関数を指定した

	A	B	C	D	E
1	**製品名**	**分類**	**売上**		
2	ノートパソコン	パソコン	2567800		
3	デスクトップパソコン	パソコン	3591200		
4	Surface Pro	タブレット	3355500		
5	Surface Go	タブレット	1025000		
6	KINECT	デバイス	2514300		
7	HoloLens	デバイス	6584500		
8	Leap Motion	デバイス	554000		
9	マウス	周辺機器	258000		
10	デジカメ	周辺機器	1026000		
11	プリンター	周辺機器	2252600		
12	**指定した条件の平均売上**		=AVERAGEIF(B2:B11,B14,C2:C11)		
13					
14	指定した分類を除く	<>パソコン			

　画面2の状態から、[Enter]キーを押下すると、「指定した条件の平均売上」に「パソコン」の分類を省いた、売上の平均が表示されます（画面3）。

画面3　条件に合致した売上の平均が表示された

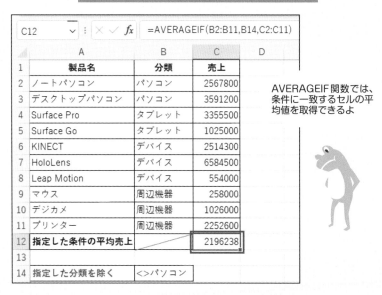

C12		× ✓ fx	=AVERAGEIF(B2:B11,B14,C2:C11)	
	A	B	C	D
1	**製品名**	**分類**	**売上**	
2	ノートパソコン	パソコン	2567800	
3	デスクトップパソコン	パソコン	3591200	
4	Surface Pro	タブレット	3355500	
5	Surface Go	タブレット	1025000	
6	KINECT	デバイス	2514300	
7	HoloLens	デバイス	6584500	
8	Leap Motion	デバイス	554000	
9	マウス	周辺機器	258000	
10	デジカメ	周辺機器	1026000	
11	プリンター	周辺機器	2252600	
12	**指定した条件の平均売上**		2196238	
13				
14	指定した分類を除く	<>パソコン		

AVERAGEIF関数では、条件に一致するセルの平均値を取得できるよ

 Chapter 03

複数の条件に一致するセル の平均値を取得したい 〜 AVERAGEIFS

AVERAGEIFS関数の使い方

AVERAGEIFS関数を使うと、データの中から、複数の条件に一致したセルの平均値を取得することができます。

書式 **AVERAGEIFS関数の書式**

=AVERAGEIFS(平均対象範囲, 条件範囲1, 条件1, 条件範囲2, 条件2, ……)

平均対象範囲には、平均を出す値の入力されているセル範囲を指定します（必須）。条件範囲1には、検索の対象となるセル範囲を指定します（必須）。条件1には、条件範囲1の中からセルを検索するための条件を指定します（必須）。条件範囲2と条件2の指定は上記に同じで、これを含む以降は任意となります。

画面1のような表があったとします。「製品名」、「分類」、「売上」が入力されています。検索の条件として2つの条件を指定します。ここでは、「パソコン」分類以外（<>パソコン）で売上が「1000000」以上（>=1000000）の平均金額を求めるようにしています。ここで指定する条件には、先頭に必ず比較演算子を追加するのを忘れないようにしてください。

画面1　2つの条件の指定された表がある

	A	B	C
	C12　　:　　×　✓　fx		
1	**製品名**	**分類**	**売上**
2	ノートパソコン	パソコン	2567800
3	デスクトップパソコン	パソコン	3591200
4	Surface Pro	タブレット	3355500
5	Surface Go	タブレット	1025000
6	KINECT	デバイス	2514300
7	HoloLens	デバイス	6584500
8	Leap Motion	デバイス	554000
9	マウス	周辺機器	258000
10	デジカメ	周辺機器	1026000
11	プリンター	周辺機器	2252600
12	**指定した条件の平均売上**		
14	指定した分類を除く	<>パソコン	
15	売上条件の指定	>=1000000	

「指定した条件の平均売上」のC12のセルに、

```
=AVERAGEIFS(C2:C11,B2:B11,B14,C2:C11,B15)
```

と入力します（画面2）。

　平均対象範囲には、平均を出す値の入力されている、「売上」の「C2:C11」を指定します。条件範囲1には、検索の対象となる、「分類」の「B2:B11」を指定します。条件1には、「指定した分類を除く」に「<>パソコン」と指定した、「B14」のセルを指定しています。条件範囲2には、検索の対象となる、「売上」の「C2:C11」のセル範囲を指定します。条件2には、今度は「売上条件の指定」に「1000000以上（>=1000000）」を指定した「B15」のセルを指定しています。

画面2 「指定した条件の平均売上」のC12のセルに、AVERAGEIFS関数に複数の条件を追加して指定した

SUM	▼	⋮	✕	✓	fx	=AVERAGEIFS(C2:C11,B2:B11,B14,C2:C11,B15)

	A	B	C	D	E	F	G
1	製品名	分類	売上				
2	ノートパソコン	パソコン	2567800				
3	デスクトップパソコン	パソコン	3591200				
4	Surface Pro	タブレット	3355500				
5	Surface Go	タブレット	1025000				
6	KINECT	デバイス	2514300				
7	HoloLens	デバイス	6584500				
8	Leap Motion	デバイス	554000				
9	マウス	周辺機器	258000				
10	デジカメ	周辺機器	1026000				
11	プリンター	周辺機器	2252600				
12	指定した条件の平均売上		=AVERAGEIFS(C2:C11,B2:B11,B14,C2:C11,B15)				
14	指定した分類を除く	<>パソコン					
15	売上条件の指定	>=1000000					

　画面2の状態から、Enter キーを押下すると、「指定した条件の平均売上」に「パソコン」の分類を省いた、「1000000以上」の金額の平均売上が表示されます（画面3）。

画面3　条件に合致した平均売上金額が表示された

| C12 | ▼ | ✕ ✓ fx | =AVERAGEIFS(C2:C11,B2:B11,B14,C2:C11,B15) |

	A	B	C	D	E	F
1	製品名	分類	売上			
2	ノートパソコン	パソコン	2567800			
3	デスクトップパソコン	パソコン	3591200			
4	Surface Pro	タブレット	3355500			
5	Surface Go	タブレット	1025000			
6	KINECT	デバイス	2514300			
7	HoloLens	デバイス	6584500			
8	Leap Motion	デバイス	554000			
9	マウス	周辺機器	258000			
10	デジカメ	周辺機器	1026000			
11	プリンター	周辺機器	2252600			
12	指定した条件の平均売上		2792983.3			
14	指定した分類を除く	<>パソコン				
15	売上条件の指定	>=1000000				

AVERAGEIFS関数では、
複数の条件に一致したセル
の平均値を取得できるよ

データの個数を取得したい
〜 COUNT

 COUNT関数の使い方

　COUNT関数を使うと、入力されているデータの個数を取得することができます。

> **書式　COUNT関数の書式**
>
> =COUNT(数値1, 数値2,……)

　数値1には、データの個数を求めるセル範囲を指定します（必須）。255個までの指定が可能です。空白や文字列のセルはカウントされません。数値2には、数値1以外にデータ数を求めたい引数がある場合に指定します（任意）。

　画面1のような表があったとします。英語の点数が表示されています。試験を欠席した人間が中に数名いる表です。

　この表の中から「受験者数」を取得してみましょう。

画面1 英語の点数が表示された表で、欠席者が数名いる表

	A	B
1	英語の点数	
2	氏名	点数
3	薬師寺国安	88
4	夏目団子	73
5	久利餡子	92
6	阪神虎雄	65
7	愛媛蜜柑	77
8	猿飛佐助	欠席
9	服部伴蔵	50
10	紫式部	欠席
11	受験者数	

「受験者数」のセルB11に、

=COUNT(B3:B10)

と入力します（画面2）。

数値1には、「点数」のセル範囲である、B3:B10を指定しています。「欠席」という文字列も入力されています。

画面2 「受験者数」のセルB11にCOUNT関数を指定した

	A	B	C	D
	B3	fx =COUNT(B3:B10)		
1	英語の点数			
2	氏名	点数		
3	薬師寺国安	88		
4	夏目団子	73		
5	久利餡子	92		
6	阪神虎雄	65		
7	愛媛蜜柑	77		
8	猿飛佐助	欠席		
9	服部伴蔵	50		
10	紫式部	欠席		
11	受験者数	=COUNT(B3:B10)		

画面2の状態から、Enterキーを押下すると、画面3のように「受験者数」が表示されます。

画面3 受験者数が表示された

| B11 | ⌄ | : × ✓ *fx* | =COUNT(B3:B10) | |

◢	A	B	C	D
1	英語の点数			
2	氏名	点数		
3	薬師寺国安	88		
4	夏目団子	73		
5	久利餡子	92		
6	阪神虎雄	65		
7	愛媛蜜柑	77		
8	猿飛佐助	欠席		
9	服部伴蔵	50		
10	紫式部	欠席		
11	受験者数	6		

COUNT関数では、データの個数が取得できるよ。空白や文字列のセルはカウントされないよ

「欠席」と文字列が入力されているセルは、COUNT関数ではカウントされていません。

Chapter 03

セル内のデータの個数を
取得したい～ COUNTA

 COUNTA関数の使い方

　COUNTA関数を使うと、文字列のデータも含めたセル内の、データの個数を取得することができます。

書式　COUNTA関数の書式

=COUNTA(数値1, 数値2,……)

　数値1には、データの個数を求めるセル範囲を指定します(必須)。255個までの指定が可能です。数値2には、数値1以外にデータ数を求めたい引数がある場合に指定します(任意)。

　COUNTA関数では、空白のセルだけがカウントされません。文字列や、空白の文字列("")、エラー値はカウントされます。

　画面1のような表があったとします。「点数」の中身に、文字列、エラー値と空白セルを入れておきます。

	A	B
1	英語の点数	
2	氏名	点数
3	薬師寺国安	88
4	夏目団子	73
5	久利餡子	#NAME?
6	阪神虎雄	65
7	愛媛蜜柑	77
8	猿飛佐助	
9	服部伴蔵	50
10	紫式部	不明
11	受験者数	

B11の「受験者数」のセルに、

=COUNTA(B3:B10)

と入力します（画面2）。

数値1には、「点数」のセル範囲である、B3:B10を指定しています。エラー値や文字列や、空白のセルが入っています。

画面2 「受験者数」のセルにCOUNTA関数を指定した

B3		: × ✓ *fx*	=COUNTA(B3:B10)		
	A	B	C	D	
1	英語の点数				
2	氏名	点数			
3	薬師寺国安	88			
4	夏目団子	73			
5	久利餡子	#NAME?			
6	阪神虎雄	65			
7	愛媛蜜柑	77			
8	猿飛佐助				
9	服部伴蔵	50			
10	紫式部	不明			
11	受験者数	=COUNTA(B3:B10)			

　画面2の状態で、Enterキーを押下すると、画面3のように「受験者数」が
表示されますが、「空白のセル」以外は全てカウントされています。数値の
データのみをカウントしたい場合は、先に解説したCOUNT関数を使用す
ればいいでしょう。

画面3　「空白のセル」以外が全てカウントされている

B11		:	× ✓	fx	=COUNTA(B3:B10)

	A	B	C	D
1	英語の点数			
2	氏名	点数		
3	薬師寺国安	88		
4	夏目団子	73		
5	久利餡子	#NAME?		
6	阪神虎雄	65		
7	愛媛蜜柑	77		
8	猿飛佐助			
9	服部伴蔵	50		
10	紫式部	不明		
11	受験者数	7		

COUNTA関数では、文字列の
データも含めたセル内の、デー
タの個数を取得できるよ。空白
のセルはカウントされないよ

空白セルの個数を取得したい ～ COUNTBLANK

 COUNTBLANK関数の使い方

COUNTBLANK関数を使うと、データの中から空白のセルの個数を取得することができます。

書式　COUNTBLANK関数の書式

=COUNTBLANK(範囲)

範囲には、空白のセルを取得したいセル範囲を指定します(必須)。

画面1のような表があったとします。「点数」のセルの中が空白になっている箇所があります。

画面1　「点数」のセルが空白になっている表

	A	B
1	英語の点数	
2	氏名	点数
3	薬師寺国安	
4	夏目団子	73
5	久利餡子	
6	阪神虎雄	65
7	愛媛蜜柑	77
8	猿飛佐助	
9	服部伴蔵	50
10	紫式部	
11	**点数が空白の個数**	

「点数が空白の個数」のB11のセルに、

```
=COUNTBLANK(B3:B10)
```

と入力します（画面2）。

　範囲には空白セルの含まれる、「点数」のB3:B10のセル範囲を指定します。

画面2　「点数が空白の個数」のB11のセルに、COUNTBLANKの関数を指定した

| B3 | | ∨ | ⋮ | × ✓ ƒx | =COUNTBLANK(B3:B10) |

◢	A	B	C	D
1	英語の点数			
2	氏名	点数		
3	薬師寺国安			
4	夏目団子	73		
5	久利餡子			
6	阪神虎雄	65		
7	愛媛蜜柑	77		
8	猿飛佐助			
9	服部伴蔵	50		
10	紫式部			
11	**点数が空白の個数**	=COUNTBLANK(B3:B10)		

　画面2の状態から、Enterキーを押下すると、「点数が空白の個数」のセルに、空白のセルの個数が表示されます（画面3）。

画面3 空白セルの個数が表示された

B11			f_x	=COUNTBLANK(B3:B10)

	A	B	C	D
1	英語の点数			
2	氏名	点数		
3	薬師寺国安			
4	夏目団子	73		
5	久利餡子			
6	阪神虎雄	65		
7	愛媛蜜柑	77		
8	猿飛佐助			
9	服部伴蔵	50		
10	紫式部			
11	点数が空白の個数	4		

COUNTBLANK関数では、空白のセルの個数を取得できるよ

条件に一致するセルの個数を取得したい〜 COUNTIF

 COUNTIF関数の使い方

COUNTIF関数を使うと、データの中から、条件に一致するセルの個数を取得することができます。

書式　COUNTIF関数の書式

=COUNTIF(範囲, 検索条件)

範囲には、検索の対象とするセルやセル範囲を指定します（必須）。検索条件には、範囲の中から、セルを検索するための条件を指定します（必須）。

COUNTIFで指定できるのは、単一の検索条件のみに限られます。複数の条件を指定したい場合には、後述するCOUNTIFS関数を使用するといいでしょう。

画面1のような表があったとします。「点数」が70以上の者を合格者として、合格者の数を取得してみましょう。

検索の条件として「合格点数」という欄を設けて、ここでは「>=70」と入力しています。先頭に必ず比較演算子を追加することを忘れないでください。

画面1 「合格点数」が70以上という条件の指定された表

	A	B	C	D	E
1	英語の点数			合格点数	>=70
2	氏名	点数			
3	薬師寺国安	88			
4	夏目団子	73			
5	久利餡子	92			
6	阪神虎雄	65			
7	愛媛蜜柑	77			
8	猿飛佐助	58			
9	服部伴蔵	50			
10	紫式部	91			
11	合格者数				

「合格者数」のB11のセルに、

```
=COUNTIF(B3:B10,E1)
```

と入力します(画面2)。

範囲には「点数」の「B3:B10」のセル範囲を指定します。

検索条件には、70点以上(>=70)と指定している、「合格点数」のセル「E1」を指定しています。

これで、「点数」が70以上の個数が取得できます。

画面2　「合格者数」のB11のセルにCOUNTIF関数を指定した

	A	B	C	D	E
1	英語の点数			合格点数	>=70
2	氏名	点数			
3	薬師寺国安	88			
4	夏目団子	73			
5	久利餡子	92			
6	阪神虎雄	65			
7	愛媛蜜柑	77			
8	猿飛佐助	58			
9	服部伴蔵	50			
10	紫式部	91			
11	合格者数	=COUNTIF(B3:B10,E1)			

　画面2の状態から、Enterキーを押下すると、「合格者数」のセルに合格点数が70以上の個数が表示されます（画面3）。

画面3　合格点数が70以上の個数が表示された

| B11 | ▼ | : | × | ✓ | fx | =COUNTIF(B3:B10,E1) |

	A	B	C	D	E	F
1	英語の点数			合格点数	>=70	
2	氏名	点数				
3	薬師寺国安	88				
4	夏目団子	73				
5	久利餡子	92				
6	阪神虎雄	65				
7	愛媛蜜柑	77				
8	猿飛佐助	58				
9	服部伴蔵	50				
10	紫式部	91				
11	合格者数	5				

COUNTIF関数では、条件に一致するセルの個数を取得できるよ

複数の条件に一致する セルの個数を取得したい 〜 COUNTIFS

 ## COUNTIFS関数の使い方

COUNTIFS関数を使うと、データの中から、複数の条件に一致するセルの個数を取得することができます。

書式　COUNTIFS関数の書式

=COUNTIFS(範囲1, 検索条件1, 範囲2, 検索条件2,……)

範囲1には、1つ目の条件の対象となるセル範囲を指定します（必須）。検索条件1には、範囲1の中からセルを検索するための条件を指定します（必須）。範囲2と検索条件2の指定は上記に同じで、これを含む以降は任意となります。

画面1　2つの条件の指定された表がある

	A	B	C	D	E
1	英語の点数			以上	>=50
2	氏名	点数		以下	<=70
3	薬師寺国安	88			
4	夏目団子	68			
5	久利餡子	71			
6	阪神虎雄	65			
7	愛媛蜜柑	77			
8	猿飛佐助	58			
9	服部伴蔵	55			
10	紫式部	91			
11	条件に合致する個数				

　画面1のような表があったとします。英語の点数が「50以上で70未満」
の個数を取得してみましょう。
　「条件に合致する個数」の、B11のセルに、

```
=COUNTIFS(B3:B10,E1,B3:B10,E2)
```

と入力します（画面2）。
　範囲1には「点数」の「B3:B10」のセル範囲を指定します。検索条件1には、
「以上」の「E1」のセルを指定します。範囲2には、「点数」の「B3:B10」のセ
ル範囲を指定します。検索条件2には、今度は「以下」の「E2」のセルを指定
しています。

画面2　「条件に合致する個数」の、B11のセルにCOUNTIFS関数を指定した

SUM	▾	：	×	✓	fx	=COUNTIFS(B3:B10,E1,B3:B10,E2)

	A	B	C	D	E	F
1	英語の点数			以上	>=50	
2	氏名	点数		以下	<=70	
3	薬師寺国安	88				
4	夏目団子	68				
5	久利餡子	71				
6	阪神虎雄	65				
7	愛媛蜜柑	77				
8	猿飛佐助	58				
9	服部伴蔵	55				
10	紫式部	91				
11	条件に合致する個数	=COUNTIFS(B3:B10,E1,B3:B10,E2)				

　画面2の状態から、Enterキーを押下すると、指定した2つの条件に合致
した個数が表示されます（画面3）。

画面3 2つの条件に合致した個数が表示された

| B11 | ▼ | : | × | ✓ | fx | =COUNTIFS(B3:B10,E1,B3:B10,E2) |

	A	B	C	D	E	F
1	英語の点数			以上	>=50	
2	氏名	点数		以下	<=70	
3	薬師寺国安	88				
4	夏目団子	68				
5	久利餡子	71				
6	阪神虎雄	65				
7	愛媛蜜柑	77				
8	猿飛佐助	58				
9	服部伴蔵	55				
10	紫式部	91				
11	条件に合致する個数	4				

COUNTIFS関数では、
複数の条件に一致するセ
ルの個数を取得できるよ

日付・日数関数を
使いこなそう！

現在の日付と時刻を
表示したい〜 NOW

 NOW関数の使い方

NOW関数を使うと、現在の日付と時刻を表示することができます。

書式　NOW関数の書式

```
=NOW()
```

引数は不要です。

画面1のような表があったとします。請求書の表です。

画面1　請求書の表

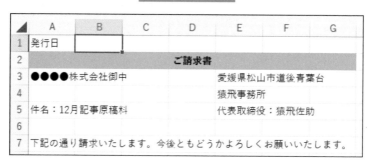

まず、「発行日」を入力するセルB1にマウスポインターを置いて、マウスの右クリックで表示されるメニューから、「セルの書式設定」を選択して、セルの書式を画面2のように指定しておきます。「日付」形式にしておきます。

画面2　「発行日」のセルの書式設定をした

　書式設定をした、「発行日」のB1のセルに、

```
=NOW()
```

と入力します。

　すると、「発行日」のB1のセルに今日の日付が表示されます（画面3）。

B1		⋮	× ✓	f_x	=NOW()		
	A	B	C	D	E	F	G
1	発行日	2022年12月8日					
2				ご請求書			
3	●●●●株式会社御中				愛媛県松山市道後青葉台		
4					猿飛事務所		
5	件名：12月記事原稿料				代表取締役：猿飛佐助		
6							
7	下記の通り請求いたします。今後ともどうかよろしくお願いいたします。						

B1のセルに、「日付」の書式設定をしていないと、「2022/12/8 15:43」
という形式で表示され、時刻も表示されます。

NOW関数では、現在
の日付と時刻を表示で
きるよ

02

年月日を指定して日付を表示したい〜 DATE

 DATE関数の使い方

DATE関数を使うと、年月日を指定して日付を表示することができます。

書式　DATE関数の書式

=DATE(年, 月, 日)

年には、1〜4桁で年を指定します（必須）。月には、月を表す数値を1〜12の範囲で指定します（必須）。12以上の数値を指定すると、次年度以降の年と月が指定されたものとみなされます。負の数を指定すると前年度以前が指定されたものとみなされます。日には、日を表す1〜31数値を指定します（必須）。月の最終日を越える数値を指定すると、次月以降の月と日が指定されたものとみなされます。負の数を指定すると、前月以前の月と日が指定されたものとみなされます。

画面1のような表があったとします。年、月、日にはそれぞれデータが入力されています。

画面1　年、月、日にはそれぞれデータが入力されている

▲	A	B
1	年	2022
2	月	12
3	日	8
4	結果	

「結果」のB4のセルに、

```
=DATE(B1,B2,B3)
```

と入力します（画面2）。

年にはB1、月にはB2、日にはB3のセルを指定しています。

画面2　「結果」のB4のセルにDATE関数を指定した

B3	⌄ : ✕ ✓ ƒx	=DATE(B1,B2,B3)	
	A	B	C	D
1	年	2022		
2	月	12		
3	日	8		
4	結果	=DATE(B1,B2,B3)		

　画面2の状態から、Enterキーを押下すると、「結果」のB4のセルに年月日が表示されます（画面3）。

　例えば、「年」に2022、「月」に13、「日」に32と入力すると、「月」には12以上の数値が指定され、「日」には31以上の数値が指定されていますので、「月」は、次年度以降の「月」が指定されたものとみなされます。「日」は、次月以降の「日」が指定されたものとみなされます。表示結果は画面4のようになります。

画面3　年月日が表示された

B4	⌄ : ✕ ✓ ƒx	=DATE(B1,B2,B3)	
	A	B	C	D
1	年	2022		
2	月	12		
3	日	8		
4	結果	2022/12/8		

画面4　「年」に2022、「月」に13、「日」に32と入力した「結果」の日付

	A	B
1	年	2022
2	月	13
3	日	32
4	結果	2023/2/1

DATE関数では、年月日を指定して日付を表示できるよ

時刻から時を取り出したい ～ HOUR

 HOUR関数の使い方

HOUR関数を使うと、時刻から「時」を取り出すことができます。

書式　HOUR関数の書式

=HOUR(シリアル値)

　シリアル値には、「時」を取り出したい時刻を指定します(必須)。Excel では、「時刻」のデータをシリアル値(1900年1月1日を「1」とした連番の ことをいいます)を24で割った値を「1時間」として管理しています。つま り、Excel上での1時間は、1日(1)を24で割った「0.0416666…」という 小数点の値になり、12時は「0.0416666×12」で「0.5」、6時は「0.0416666 ×6」で「0.25」となりますが、ここで引数に指定するシリアル値とは、時刻 を表す値であるという認識で構いません。

　画面1のような表があったとします。時刻の入力されたセルと、「時」を 表示させる結果のセル(「結果(時)」)があります。

画面1　時刻の入力されたセルと「時」を表示させる結果のセルの表

	A	B
1	**時刻**	14時04分36秒
2	**結果（時）**	

B2の「結果(時)」のセルに、

```
=HOUR(B1)
```

と入力します（画面2）。

シリアル値には時刻の入力されているB1のセルを指定します。

画面2　「結果（時）」のB2のセルにHOUR関数を指定した

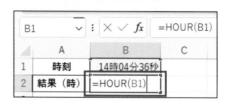

画面2の状態から、Enterキーを押下すると、B2の「結果（時）」のセルに「時」が表示されます（画面3）。

画面3　B2の「結果（時）」のセルに「時」が表示された

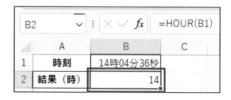

HOUR関数では、時刻から「時」を取り出せるよ

時刻から分を取り出したい ～ MINUTE

 MINUTE関数の使い方

MINUTE関数を使うと、時刻から分を取り出すことができます。

書式　MINUTE関数の書式

=MINUTE(シリアル値)

シリアル値には、「分」を取り出したい時刻を指定します(必須)。
画面1のような表があったとします。「時刻」と「結果(分)」を表示するセルがあります。

画面1　「時刻」と「結果(分)」を表示するセルのある表

	A	B
1	**時刻**	14時55分45秒
2	**結果(分)**	

結果(分)のB2のセルに、

=MINUTE(B1)

と入力します(画面2)。
シリアル値には、B1の時刻を指定します。

画面2 「結果(分)」のB2のセルにMINUTE関数を指定した

B1	∨ : × ✓ fx	=MINUTE(B1)			

◢	A	B	C
1	時刻	14時55分45秒	
2	結果(分)	=MINUTE(B1)	

画面2の状態から、[Enter]キーを押下すると、「結果(分)」のB2のセルに
「分」が表示されます(画面3)。

画面3 「結果(分)」のB2のセルに「分」が表示された

B2	∨ : × ✓ fx	=MINUTE(B1)			

◢	A	B	C
1	時刻	14時55分45秒	
2	結果(分)	55	

MINUTE関数では、時刻
から「分」を取り出せるよ

Chapter 04

時刻から秒を取り出したい
～ SECOND

SECOND関数の使い方

SECOND関数を使うと、時刻から「秒」を取り出すことができます。

書式 SECOND関数の書式

=SECOND(シリアル値)

シリアル値には、「秒」を取り出したい時刻を指定します（必須）。

画面1のような表があったとします。「時刻」と「結果（秒）」を表示するセルがあります。

画面1 「時刻」と「結果（秒）」を表示するセルのある表

	A	B
1	時刻	15時55分45秒
2	結果（秒）	

結果（秒）のB2のセルに、

=SECOND(B1)

と入力します（画面2）。

シリアル値には、B1の時刻を指定します。

画面2 「結果（秒）」のB2のセルにSECOND関数を指定した

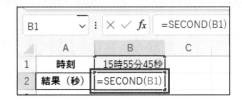

画面2の状態から、Enterキーを押下すると、「結果（秒）」のB2のセルに「秒」が表示されます（画面3）。

画面3 「結果（秒）」のB2のセルに「秒」が表示された

SECOND関数では、時刻から「秒」を取り出せるよ

日付から年を取得して表示したい〜 YEAR

 YEAR関数の使い方

　YEAR関数を使うと、入力されている日付から「年」を取得することができます。

書式　YEAR関数の書式

=YEAR(シリアル値)

　YEAR関数は、シリアル値(日付)に対応する年を返します。

　日付のシリアル値は、「1900年1月1日」を「1」として、何日経過したかを示す数値ですが、ここで引数に指定するシリアル値とは、日付を表す値であるという認識で構いません。シリアル値には、「年」を取り出したい日付を指定します(必須)。

　画面1のような表があったとします。日付の入ったセルと「年」を表示させる結果セル(「結果(年)」)の表です。

画面1　日付の入ったセルと「結果(年)」を表示する表

	A	B
1	日付	2022年12月9日
2	結果(年)	

B2の「結果(年)」のセルに、

```
=YEAR(B1)
```

と入力します（画面2）。

　シリアル値には、「日付」の入力されているB1のセルを指定します。

画面2　「結果（年）」のB2のセルにYEAR関数を指定した

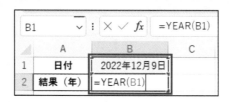

　画面2の状態から、Enter キーを押下すると、「結果（年）」のB2のセルに「年」が表示されます（画面3）。

画面3　「結果（年）」のB2のセルに「年」が表示された

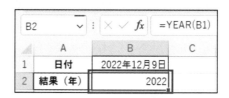

YEAR関数では、日付から「年」を取り出せるよ

日付から月を取得して表示したい〜 MONTH

MONTH関数の使い方

MONTH関数を使うと、入力されている日付から「月」を取得することができます。

書式　MONTH関数の書式

```
=MONTH(シリアル値)
```

MONTH関数は、シリアル値（日付）に対応する月を返します。

シリアル値には、「月」を取り出したい日付を指定します（必須）。

画面1のような表があったとします。日付の入ったセルと「月」を表示させる結果セル（「結果（月）」）の表です。

画面1　日付の入ったセルと「結果（月）」を表示する表

	A	B
1	日付	2022年12月9日
2	結果（月）	

B2の「結果（月）」のセルに、

```
=MONTH(B1)
```

と入力します（画面2）。

シリアル値には、「日付」の入力されているB1のセルを指定します。

画面2 「結果（月）」のB2のセルにMONTH関数を指定した

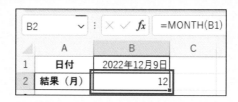

画面2の状態から、Enter キーを押下すると、「結果（月）」のB2のセルに「月」が表示されます（画面3）。

画面3 「結果（月）」のB2のセルに「月」が表示された

MONTH関数では、日付から「月」を取り出せるよ

Chapter 04

日付から日を取得して 表示したい〜 DAY

DAY関数の使い方

DAY関数を使うと、入力された日付から「日」を取得することができます。

書式　DAY関数の書式

=DAY(シリアル値)

DAY関数は、シリアル値(日付)に対応する日を返します。

シリアル値には、「日」を取り出したい日付を指定します(必須)。

画面1のような表があったとします。日付の入ったセルと「日」を表示させる結果セル(「結果(日)」)の表です。

画面1　日付の入ったセルと「結果(日)」を表示する表

	A	B
1	**日付**	2022年12月9日
2	**結果(日)**	

B2の「結果(日)」のセルに、

=DAY(B1)

と入力します(画面2)。

シリアル値には、「日付」の入力されているB1のセルを指定します。

183

画面2 「結果（日）」のB2のセルにDAY関数を指定した

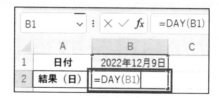

画面2の状態から、Enterキーを押下すると、「結果（日）」のB2のセルに「日」が表示されます（画面3）。

画面3 「結果（日）」のB2のセルに「日」が表示された

DAY関数では、日付から「日」を取得できるよ

日付から曜日の値を
表示したい〜 WEEKDAY

 WEEKDAY関数の使い方

WEEKDAY関数を使うと、入力されている日付から、曜日の値を取得することができます。

書式　WEEKDAY関数の書式

=WEEKDAY(シリアル値, 種類)

シリアル値には、「曜日」を取り出したい日付を指定します（必須）。種類には、表1の値を指定します。

表1　種類

1または省略	1（日曜日）〜7（土曜日）
2	1（月曜日）〜7（日曜日）
3	0（月曜日）〜6（日曜日）

画面1のような表があったとします。日付が入力されたセルと曜日を表示するセルがあります。

	A	B
1	**日付**	**曜日**
2	1950年2月5日	
3	1975年10月14日	
4	1980年1月29日	
5	2000年10月10日	
6	2005年10月10日	
7	2010年10月10日	
8	2016年10月10日	
9	2022年10月10日	
10	3000年10月10日	

B2の「曜日」のセルに、

=WEEKDAY(A2,1)

と入力します（画面2）。

シリアル値には「日付」の入力されているA2のセルを指定しています。種類には「1」を指定しているので、表1を見ると、「1（日曜日）〜7（土曜日）」を表すことがわかります。

画面2　「曜日」のB2のセルにWEEKDAY関数を指定した

B2		fx	=WEEKDAY(A2,1)	

	A	B	C	D
1	**日付**	**曜日**		
2	1950年2月5日	=WEEKDAY(A2,1)		
3	1975年10月14日			
4	1980年1月29日			
5	2000年10月10日			
6	2005年10月10日			
7	2010年10月10日			
8	2016年10月10日			
9	2022年10月10日			
10	3000年10月10日			

画面2の状態から、Enter キーを押下すると、「曜日」のB2のセルに、曜日に対応する数値が表示されます(画面3)。

画面3　A2の日付から、曜日に対応する数値が表示された

B2		∨	⋮	×	✓	f_x	=WEEKDAY(A2,1)	

	A	B	C	D
1	**日付**	**曜日**		
2	1950年2月5日	1		
3	1975年10月14日			
4	1980年1月29日			
5	2000年10月10日			
6	2005年10月10日			
7	2010年10月10日			
8	2016年10月10日			
9	2022年10月10日			
10	3000年10月10日			

B2に「1」と表示されましたので、表1に当てはめてみると、1950年2月5日は日曜日だったことがわかります。

オートフィルを使って、B10まで数式をコピーすると、それぞれの日付に対応した数値が表示されます(画面4)。種類には1を指定していますので、1(日曜日)〜7(土曜日)に対応した数値になります。

画面4 各日付に対応した曜日の数値が表示された

| B2 | ✓ : × ✓ fx | =WEEKDAY(A2,1) |

	A	B	C	D
1	**日付**	**曜日**		
2	1950年2月5日	1		
3	1975年10月14日	3		
4	1980年1月29日	3		
5	2000年10月10日	3		
6	2005年10月10日	2		
7	2010年10月10日	1		
8	2016年10月10日	2		
9	2022年10月10日	2		
10	3000年10月10日	6		

　表1を見れば最後の3000年10月10日は6の金曜日であることがわかります。

WEEKDAY関数では、
日付から、曜日を表す値
を取得できるよ

Chapter 04

2つの日付の間の日数を
表示したい～ DAYS360

 DAYS360関数の使い方

　DAYS360関数を使うと、指定した日付の間の日数を取得することができます。1年を360日（30日 x 12）として、支払いの計算などに使用される2つの日付の間の日数を返します。

書式 **DAYS360関数の書式**

=DAYS360(開始日, 終了日, 方式)

　開始日には、期間の開始日の日付を指定します（必須）。終了日には、期間の終了日の日付を指定します（必須）。方式には、FALSEまたはTRUEを指定します（任意）。省略するとFALSEが指定されたことになります。FALSEは米国（NASD）方式で日数を求めます。TRUEはヨーロッパ方式で日数を求ます。詳細については表1を参照してください。

表1 方式

方式	定義
FALSEまたは省略	米国（NASD）方式。開始日が月の最終日である場合、同じ月の30日になります。終了日が月の最終日で、開始日が月の30日より前の場合、終了日は次の月の1日になります。それ以外の場合、終了日は同じ月の30日になります。
TRUE	ヨーロッパ方式。開始日または終了日が、ある月の31日になる場合、同じ月の30日として計算が行われます。

　画面1のような表があったとします。「開始日」と「終了日」があり、方式

に「FALSE」と「TRUE」を指定しています。また「結果」のセルに日数を表示
させるようにします。

画面1　「開始日」と「終了日」の「方式」に「FALSE」と「TRUE」を指定し、
日数を表示させる「結果」セルのある表

	A	B	C	D
1	開始日	終了日	方式	結果
2	2022年2月28日	2022年3月1日	FALSE	
3	2022年2月28日	2022年3月1日	TRUE	

D2の「結果」セルに、

=DAYS360(A2,B2,C2)

と指定します（画面2）。

　開始日に「A2」、終了日に「B2」、方式に「C2」の値を指定しています。

画面2　D2の結果セルにDAY360関数を指定した

C2		:	✕ ✓	fx	=DAYS360(A2,B2,C2)	
	A	B	C	D	E
1	開始日	終了日	方式	結果	
2	2022年2月28日	2022年3月1日	FALSE	=DAYS360(A2,B2,C2)	
3	2022年2月28日	2022年3月1日	TRUE		

　画面2の状態から、Enterキーを押下すると、「結果」セルに「1」と表示さ
れます（画面3）。

　「方式」に、FALSE（C2のセルの値）を指定した場合は、米国方式になり、
そのままの最終日で計算されるため、「開始日」と「終了日」の日数は「1」と
なります。3月1日だけの計算で「1」となります。開始日が月の30日より
前の場合、終了日は次の月の1日になるわけです。

画面3　「結果」セルに「1」と表示された

	A	B	C	D
			fx	=DAYS360(A2,B2,C2)
1	開始日	終了日	方式	結果
2	2022年2月28日	2022年3月1日	FALSE	1
3	2022年2月28日	2022年3月1日	TRUE	

オートフィルを使って、D3まで数式をコピーすると、D3の「結果」セルにも日数が表示されます（画面4）。

画面4　D3の「結果」セルにも日数が表示された

	A	B	C	D
			fx	=DAYS360(A2,B2,C2)
1	開始日	終了日	方式	結果
2	2022年2月28日	2022年3月1日	FALSE	1
3	2022年2月28日	2022年3月1日	TRUE	3

「方式」にTRUE（C3のセルの値）のヨーロッパ形式を指定した場合は、終了日を30日として計算するため、「開始日」と「終了日」の日数は、「3」という結果になります。29日、30日、3月1日で「3」になります。

こういった関数は、証券を購入した際の、所有期間を求める際に利用する関数のようです。これらの関数は、日常の業務ではあまり使用しないと思われますが、こういった関数もExcelにはあるという意味で紹介しておきました。

DAYS360関数では、指定した日付の間の日数を取得できるよ。1年を360日（30日 x 12）として計算するよ。日常の業務ではあまり使わない関数かもね

期間内で稼働日の日数を取得したい〜 NETWORKDAYS

 NETWORKDAYS関数の使い方

NETWORKDAYS関数を使うと、指定した期間内での、稼働日の日数を取得することができます。

書式　NETWORKDAYS関数の書式

=NETWORKDAYS(開始日, 終了日, 祭日)

開始日には、期間の開始日の日付を指定します（必須）。終了日には、期間の終了日の日付を指定します（必須）。祭日には、祭日や休日の日付を指定します（任意）。省略すると、土日だけを外して日数が計算されます。

画面1のような表があったとします。「開始日」、「終了日」、「稼働日」のセルと、「祭日」を指定したセルがあります。

画面1　「開始日」、「終了日」、「稼働日」のセルと「祭日」を指定したセルがある表

	A	B	C
1	**開始日**	**終了日**	**稼働日**
2	2022年4月25日	2022年5月10日	
3	2022年4月27日	2022年5月11日	
4	2022年4月28日	2022年5月12日	
6	**祭日**		
7	2022年4月29日	昭和の日	
8	2022年5月3日	憲法記念日	
9	2022年5月4日	みどりの日	
10	2022年5月5日	こどもの日	

C2の「稼働日」のセルに、

```
=NETWORKDAYS(A2,B2,$A$7:$A$10)
```

と入力します（画面2）。

開始日にはA2のセルを指定します。終了日にはB2のセルを指定しています。祭日には、祭日のセル範囲を、「絶対参照」として指定しておきます。$A$7:$A$10と指定します。

絶対参照とは、参照するセル番地が常に固定される方式です。「$A$1」のように「$」を付けることで絶対番地参照となり、数式をコピーすると、どの数式も同一のセルを参照するようになります。

今回は、C4まで数式をコピーした場合に、祭日のセルは変化させないようにするために「絶対参照」としておきます。

画面2　C2の「稼働日」のセルにNETWORKDAYS関数を指定した

	A	B	C	D	E	F
C2		fx	=NETWORKDAYS(A2,B2,$A$7:$A$10)			
1	**開始日**	**終了日**	**稼働日**			
2	2022年4月25日	2022年5月10日	=NETWORKDAYS(A2,B2,$A$7:$A$10)			
3	2022年4月27日	2022年5月11日				
4	2022年4月28日	2022年5月12日				
6		**祭日**				
7	2022年4月29日	昭和の日				
8	2022年5月3日	憲法記念日				
9	2022年5月4日	みどりの日				
10	2022年5月5日	こどもの日				

画面2の状態から、Enterキーを押下すると、「稼働日」のセルに「開始日」から「終了日」までの稼働日数で、土日、祭日を除いた日数が表示されます（画面3）。

| C2 | ⌄ | : | × ✓ | fx | =NETWORKDAYS(A2,B2,$A$7:$A$10) |

	A	B	C	D	E
1	**開始日**	**終了日**	**稼働日**		
2	2022年4月25日	2022年5月10日	8		
3	2022年4月27日	2022年5月11日			
4	2022年4月28日	2022年5月12日			
6	**祭日**				
7	2022年4月29日	昭和の日			
8	2022年5月3日	憲法記念日			
9	2022年5月4日	みどりの日			
10	2022年5月5日	こどもの日			

オートフィルを使って、C4まで数式をコピーすると、全ての稼働日数を表示します（画面4）。土日と祭日分は計算されておりません。

画面4　すべての稼働日数が表示された

| C2 | ⌄ | : | × ✓ | fx | =NETWORKDAYS(A2,B2,$A$7:$A$10) |

	A	B	C	D	E
1	**開始日**	**終了日**	**稼働日**		
2	2022年4月25日	2022年5月10日	8		
3	2022年4月27日	2022年5月11日	7		
4	2022年4月28日	2022年5月12日	7		
6	**祭日**				
7	2022年4月29日	昭和の日			
8	2022年5月3日	憲法記念日			
9	2022年5月4日	みどりの日			
10	2022年5月5日	こどもの日			

NETWORKDAYS関数
では、指定した期間内で
の、稼働日の日数を取得
できるよ

 Chapter 04

指定した月数分の日付を
取得したい〜 EDATE

EDATE関数の使い方

EDATE関数を使うと、入力された年月日に月数を指定し、指定した月数分の日付を取得することができます。

書式　EDATE関数の書式

=EDATE(開始日,月)

開始日には、基準となる日付を指定します（必須）。月には、月数を指定します。月に正の数を指定すると、開始日より後の日付を返し、負の数を指定すると、開始日より前の日付を返します（必須）。

画面1のような表があったとします。「購入日」と「保証期間（月）」があり、「購入日」から「保証期間（月）」の月数分を加算した、「保証期限」の日付を表示するセルを用意しています。「保証期限」の、C2〜C5のセルには、「セルの書式設定」から「日付」を指定しておいてください。

画面1　「購入日」と「保証期間（月）」、「保証期限」を表示するセルのある表

	A	B	C
1	購入日	保証期間（月）	保障期限
2	2019年2月5日	36	
3	2020年10月10日	60	
4	2021年3月23日	24	
5	2022年1月29日	12	

C2の「保証期限」のセルに、

```
=EDATE(A2,B2)
```

と入力します（画面2）。

　開始日にはA2の「購入日」を指定します。月にはB2の「保証期間（月）」を指定しています。

画面2　C2の「保証期限」のセルにEDATE関数を指定した

	A	B	C
	購入日	保証期間（月）	保障期限
2	2019年2月5日	36	=EDATE(A2,B2)
3	2020年10月10日	60	
4	2021年3月23日	24	
5	2022年1月29日	12	

B2　=EDATE(A2,B2)

　画面2の状態から、Enterキーを押下すると、C2の「保証期限」のセルに36カ月（3年）が経過した日付が表示されます（画面3）。

画面3　保証期限が表示された

	A	B	C
	購入日	保証期間（月）	保障期限
2	2019年2月5日	36	2022年2月5日
3	2020年10月10日	60	
4	2021年3月23日	24	
5	2022年1月29日	12	

C2　=EDATE(A2,B2)

　オートフィルを使って、C5まで数式をコピーすると、それぞれの保証期間（月）に対応した保証期限が表示されます（画面4）。

画面4　各保証期限が表示された

C2	⌄ : ✕ ✓ 𝑓ₓ	=EDATE(A2,B2)
	A	B	C
1	購入日	保証期間（月）	保障期限
2	2019年2月5日	36	2022年2月5日
3	2020年10月10日	60	2025年10月10日
4	2021年3月23日	24	2023年3月23日
5	2022年1月29日	12	2023年1月29日

EDATE関数では、指定
した月数分を加算した日
付を取得できるよ

日付が、その年の何週目に当たるかを知りたい ～ WEEKNUM

 ## WEEKNUM関数の使い方

WEEKNUM関数を使うと、指定した日付が、その年の1月1日から数えて、何週目にあたるかを取得できます。

書式　WEEKNUM関数の書式

=WEEKNUM(シリアル値, 週の基準)

シリアル値には、何週目かを求めたい日付を指定します（必須）。週の基準には、表1の値を指定します（任意）。

表1　「週の基準」に指定する値

1または省略	週の開始日を日曜日とする
2	週の開始日を月曜日とする

画面1のような表があったとします。

「日付」のセルがあり、何週目にあたるかを表示する「週基準」の項目があります。「週」の項目には「基準」を「1」の場合と「2」の場合とに指定しています。「日付」のセルには2022年1月1日から2022年12月1日までの1か月おきの日付を入力しています。

画面1　「日付」のセルと、その日付が何週目にあたるかを表示する
「週の基準」の項目がある表

	A	B	C
1	日付	週の基準（1）	週の基準（2）
2	2022年1月1日		
3	2022年2月1日		
4	2022年3月1日		
5	2022年4月1日		
6	2022年5月1日		
7	2022年6月1日		
8	2022年7月1日		
9	2022年8月1日		
10	2022年9月1日		
11	2022年10月1日		
12	2022年11月1日		
13	2022年12月1日		

　まず、B2の「週の基準（1）」のセルに、

```
=WEEKNUM(A2,1)
```

と入力します（画面2）。
　シリアル値にはA2の日付のセルを指定します。週の基準には「1」を指定
して、週の開始日を「日曜日」としています。

画面2　B2の「週の基準（1）」のセルにWEEKNUM関数を指定した

B2			fx	=WEEKNUM(A2,1)	
	A	B	C		
1	日付	週の基準（1）	週の基準（2）		
2	2022年1月1日	=WEEKNUM(A2,1)			
3	2022年2月1日				
4	2022年3月1日				
5	2022年4月1日				
6	2022年5月1日				

画面2の状態から、Enter キーを押下すると、B2のセルの「週の基準（1）」
に、指定した日付がその年の1月1日から数えて何週目にあたるかが表示さ
れます（画面3）。

画面3　指定した日付が1月1日から数えて何週目に当たるかが表示された

B2	⌄	⋮ × ✓ *fx*	=WEEKNUM(A2,1)

	A	B	C
1	日付	週の基準（1）	週の基準（2）
2	2022年1月1日	1	
3	2022年2月1日		
4	2022年3月1日		
5	2022年4月1日		
6	2022年5月1日		
7	2022年6月1日		
8	2022年7月1日		
9	2022年8月1日		
10	2022年9月1日		
11	2022年10月1日		
12	2022年11月1日		
13	2022年12月1日		

　オートフィルを使って、B2からB13まで数式をコピーすると、「週の基
準（1）」に指定した日付が何週目にあたるかが表示されます（画面4）。

画面4　「週の基準（1）」に何週目にあたるかが表示された

	A	B	C
		fx	=WEEKNUM(A2,1)
	A	B	C
1	日付	週の基準（1）	週の基準（2）
2	2022年1月1日	1	
3	2022年2月1日	6	
4	2022年3月1日	10	
5	2022年4月1日	14	
6	2022年5月1日	19	
7	2022年6月1日	23	
8	2022年7月1日	27	
9	2022年8月1日	32	
10	2022年9月1日	36	
11	2022年10月1日	40	
12	2022年11月1日	45	
13	2022年12月1日	49	

　同じ手順で、「週の基準（2）」には「週の基準」の開始日を「月曜日」から
とする「2」を指定して、C2のセルに、

`=WEEKNUM(A2,2)`

と指定すると、画面5のように表示されます。

画面5　週の開始日を「2」の「月曜日」にした

	A	B	C
	C2		=WEEKNUM(A2,2)
1	日付	週の基準（1）	週の基準（2）
2	2022年1月1日	1	1
3	2022年2月1日	6	6
4	2022年3月1日	10	10
5	2022年4月1日	14	14
6	2022年5月1日	19	18
7	2022年6月1日	23	23
8	2022年7月1日	27	27
9	2022年8月1日	32	32
10	2022年9月1日	36	36
11	2022年10月1日	40	40
12	2022年11月1日	45	45
13	2022年12月1日	49	49

　画面5を見ると、2022年5月1日の日付の時だけが、「週の基準値」に1
の日曜日に指定した場合と、2の月曜日に指定した場合とでは、その日付が
週の何週目に当たるかが異なっているのがわかります。

WEEKNUM関数では、指定
した日付が、その年の1月1
日から数えて、何週目にあた
るかを取得できるよ

14

年月日に指定した月数分の月の最終日を取得したい ～ EOMONTH

 EOMONTH関数の使い方

EOMONTH関数を使うと、年月日に指定した月数分の月の最終日を取得することができます。

書式　EOMONTH関数の書式

=EOMONTH(開始日, 月)

開始日には、計算の起点となる日付を指定します（必須）。月には、月数を指定します。正の数を指定すると開始日より、後の月末の日付を、負の数を指定すると、開始日より前の月末の日付を取得します（必須）。

画面1のような表があったとします。「氏名」と「入社日」、「契約雇用期間（月）」と「契約終了日」があったとします。「契約雇用期間」の「月」は何カ月という意味です。12なら12カ月という意味になります。

画面1　「氏名」と「入社日」、「契約雇用期間（月）」と「契約終了日」のある表

	A	B	C	D
1	**氏名**	**入社日**	**契約雇用期間（月）**	**契約終了日**
2	薬師寺国安	2015年4月1日	12	
3	夏目団子	2016年1月6日	6	
4	久利餡子	2014年10月11日	24	
5	猿飛佐助	2016年7月1日	3	
6	服部伴蔵	2016年8月1日	12	

D2からD6の「契約終了日」のセルは、「セルの書式設定」から日付形式に設定しておいてください。

　D2の「契約終了日」のセルに、

```
=EOMONTH(B2,C2)
```

と入力します(画面2)。

　開始日にはB2の「入社日」を指定します。月にはC2の「契約雇用期間」のセルを指定しています。

画面2　D2の「契約終了日」のセルにEOMONTH関数を指定した

	A	B	C	D
	C2　　　∨ ⁚ × ✓ *fx* =EOMONTH(B2,C2)			
1	氏名	入社日	契約雇用期間（月）	契約終了日
2	薬師寺国安	2015年4月1日	12	=EOMONTH(B2,C2)
3	夏目団子	2016年1月6日	6	
4	久利餡子	2014年10月11日	24	
5	猿飛佐助	2016年7月1日	3	
6	服部伴蔵	2016年8月1日	12	

　画面2の状態から、Enterキーを押下すると、D2の「契約終了日」のセルに、12カ月が経過した月の最終日の日付が表示されます(画面3)。

画面3　契約終了日が表示された

	A	B	C	D
	D2　　　∨ ⁚ × ✓ *fx* =EOMONTH(B2,C2)			
1	氏名	入社日	契約雇用期間（月）	契約終了日
2	薬師寺国安	2015年4月1日	12	2016年4月30日
3	夏目団子	2016年1月6日	6	
4	久利餡子	2014年10月11日	24	
5	猿飛佐助	2016年7月1日	3	
6	服部伴蔵	2016年8月1日	12	

　オートフィルを使って、D6まで数式をコピーすると、全ての「入社日」に
対応し、「契約雇用期間（月）」が経過した、月の最終日が表示されます（画
面4）。

画面4　全ての契約終了日が表示された

D2		✕ ✓ fx	=EOMONTH(B2,C2)	
	A	B	C	D
1	氏名	入社日	契約雇用期間（月）	契約終了日
2	薬師寺国安	2015年4月1日	12	2016年4月30日
3	夏目団子	2016年1月6日	6	2016年7月31日
4	久利餡子	2014年10月11日	24	2016年10月31日
5	猿飛佐助	2016年7月1日	3	2016年10月31日
6	服部伴蔵	2016年8月1日	12	2017年8月31日

EOMONTH関数では、
年月日に指定した月数分
の、月の最終日を取得で
きるよ

年月日に指定した日数分の日付を取得したい 〜 WORKDAY

 WORKDAY関数の使い方

WORKDAY関数を使うと、年月日に指定した日数分の日付を取得することができます。

書式　WORKDAY関数の書式

=WORKDAY(開始日,日数,祭日)

開始日には、計算の起点となる日付を指定します（必須）。日数には、土日、祭日を外した期日までの日数を指定します（必須）。祭日には、祭日や休日の日付を指定します（任意）。省略すると、土日だけを外して日数が計算されます。

画面1　「受注日」と「準備日数」、「配送予定日」、「祭日」を指定したセルがある表

	A	B	C
1	受注日	準備日数	配送予定日
2	2022年4月28日	3	
3	2022年4月30日	7	
4	2022年5月1日	2	
5			
6	祭日		
7	2022年4月29日	昭和の日	
8	2022年5月3日	憲法記念日	
9	2022年5月4日	みどりの日	
10	2022年5月5日	こどもの日	

画面1のような表があったとします。「受注日」と「準備日数」、「配送予定日」、「祭日」を指定したセルがあります。

「配送予定日」のC2からC4のセルは、「セルの書式設定」から、「日付」の形式に設定しておいてください。

C2の「配送予定日」のセルに、

=WORKDAY(A2,B2,$A$7:$A$10)

と指定します（画面2）。

開始日には、A2の「受注日」のセルを指定します。日数には、「準備日数」のB2のセルを指定します。祭日には祭日の範囲セル（$A$7:$A$10）を指定します。祭日は**絶対参照**としておきます。数式をC4までコピーした場合に、祭日のセルは変化させないようにするためです。

画面2　C2の「配送予定日」のセルにWOKDAY関数を指定した

C2	⋮ × ✓ fx	=WORKDAY(A2,B2,$A$7:$A$10)		
	A	B	C	D	E
1	受注日	準備日数	配送予定日		
2	2022年4月28日		3	=WORKDAY(A2,B2,$A$7:$A$10)	
3	2022年4月30日	7			
4	2022年5月1日	2			
5					
6		祭日			
7	2022年4月29日	昭和の日			
8	2022年5月3日	憲法記念日			
9	2022年5月4日	みどりの日			
10	2022年5月5日	こどもの日			

画面2の状態から、Enterキーを押下すると、「配送予定日」に、土日、祭日を除いた配送予定日付が表示されます（画面3）。

画面3 配送予定日付が表示された

	A	B	C	D
C2	f_x =WORKDAY(A2,B2,$A$7:$A$10)			
1	受注日	準備日数	配送予定日	
2	2022年4月28日	3	2022年5月9日	
3	2022年4月30日	7		
4	2022年5月1日	2		
5				
6	祭日			
7	2022年4月29日	昭和の日		
8	2022年5月3日	憲法記念日		
9	2022年5月4日	みどりの日		
10	2022年5月5日	こどもの日		

　オートフィルを使って、C4まで数式をコピーすると、全ての配送予定日が表示されます（画面4）。土日と祭日分は計算されておりません。

画面4　すべての配送予定日が表示された

	A	B	C	D
C2	f_x =WORKDAY(A2,B2,$A$7:$A$10)			
1	受注日	準備日数	配送予定日	
2	2022年4月28日	3	2022年5月9日	
3	2022年4月30日	7	2022年5月13日	
4	2022年5月1日	2	2022年5月6日	
5				
6	祭日			
7	2022年4月29日	昭和の日		
8	2022年5月3日	憲法記念日		
9	2022年5月4日	みどりの日		
10	2022年5月5日	こどもの日		

WORKDAY関数では、年月日に指定した日数分の日付を取得できるよ。土日や、指定した祭日分は除外できるよ

条件分岐・エラー処理関数
を使いこなそう！

条件を満たしているデータを
抽出したい〜 IF

 IF関数の使い方

IF関数を使うと、条件を満たしているデータの抽出ができます。

書式　IF関数の書式

=IF(論理式, 真の場合, 偽の場合)

論理式には、TRUE（真）かFALSE（偽）を返す式を指定します（必須）。真の場合には、論理式が真の場合（条件を満たす場合）に返す値を指定します（任意）。偽の場合には、論理式が偽の場合（条件を満たさない場合）に返す値を指定します（任意）。

画面1のような表があったとします。忘年会費の表です。IF関数を使って、男性と女性の会費を表示させてみます。

C2の「会費」セルに、

=IF(B2="男性",$C$10,IF(B2="女性",$C$11))

と入力します（画面2）。

IF関数が入れ子になっています。

論理式には、B2のセルの値が「男性」なら、という意味で、B2="男性"と指定しています。真の場合には、「会費」の「男性」のセルの$C$10を指定しています。「会費」を入力しているセルは絶対参照で指定します。同じように、偽の場合には、IF関数を入れ子にして、B2のセルの値が「女性」なら、

と言う意味で、B2="女性"と指定し、「会費」が「女性」のセルの、$C$11を指定しています。

　「性別」が「男性」であった場合は、男性の会費を、「女性」であった場合は女性の会費を表示させています。

　IF関数で複数の条件(男性の場合と女性の場合)を指定しています。「会費」のセルは変動してもらっては困るので絶対参照として指定しています。

画面1　「氏名」と「性別」、「会費」の表と、別個に性別により異なる会費の元となる表がある

	A	B	C
1	氏名	性別	会費
2	薬師寺国安	男性	
3	夏目団子	男性	
4	久利餡子	女性	
5	猿飛佐助	男性	
6	愛媛蜜柑	女性	
7	服部伴蔵	男性	
8	紫式部	女性	
10	会費	男性	5000
11		女性	4000

画面2　C2の「会費」セルにIF関数を指定した

		fx	=IF(B2="男性",$C$10,IF(B2="女性",$C$11))				
	A	B	C	D	E	F	G
1	氏名	性別	会費				
2	薬師寺国安	男性	=IF(B2="男性",$C$10,IF(B2="女性",$C$11))				
3	夏目団子	男性					
4	久利餡子	女性					
5	猿飛佐助	男性					
6	愛媛蜜柑	女性					
7	服部伴蔵	男性					
8	紫式部	女性					
10	会費	男性	5000				
11		女性	4000				

画面2の状態から、Enterキーを押下すると、C2の「会費」のセルに性別に該当した会費が表示されます（画面3）。

画面3　会費が表示された

	A	B	C	D	E	F	G
	C2		f_x =IF(B2="男性",\$C\$10,IF(B2="女性",\$C\$11))				
1	氏名	性別	会費				
2	薬師寺国安	男性	5000				
3	夏目団子	男性					
4	久利飴子	女性					
5	猿飛佐助	男性					
6	愛媛蜜柑	女性					
7	服部伴蔵	男性					
8	紫式部	女性					
10	会費	男性	5000				
11		女性	4000				

オートフィルを使って、C8まで数式をコピーすると、それぞれの性別に対応した会費が表示されます（画面4）。

画面4　各性別に対応する会費が表示された

	A	B	C	D	E	F	G
	C2		f_x =IF(B2="男性",\$C\$10,IF(B2="女性",\$C\$11))				
1	氏名	性別	会費				
2	薬師寺国安	男性	5000				
3	夏目団子	男性	5000				
4	久利飴子	女性	4000				
5	猿飛佐助	男性	5000				
6	愛媛蜜柑	女性	4000				
7	服部伴蔵	男性	5000				
8	紫式部	女性	4000				
10	会費	男性	5000				
11		女性	4000				

IF関数では、指定した条件に合致したデータを抽出できるよ

空白かどうかをチェックしたい
〜 ISBLANK

 ISBLANK関数の使い方

ISBLANK関数を使うと、セルの内容が空白かどうかをチェックすることができます。

書式　ISBLANK関数の書式

=ISBLANK(テストの対象)

テストの対象には、空白セルかどうかを調べたいセルの内容を指定します(必須)。空白なら TRUE を返し、それ以外なら FALSE を返します。

画面1のようなデータがあったとします。

「氏名」と「科目」と「点数」と「結果」の表があります。「点数」が空白のセルの「結果」に「欠席」と表示させてみましょう。

画面1　「氏名」と「科目」と「点数」と「結果」の表

	A	B	C	D
1	氏名	科目	点数	結果
2	薬師寺国安	英語	82	
3	夏目団子	英語		
4	久利餡子	英語	94	
5	猿飛佐助	英語	66	
6	服部伴蔵	英語		
7	柴式部	英語		

D2の「結果」セルに、

```
=IF(ISBLANK(C2)=TRUE,"欠席","")
```

と入力します（画面2）。

前節の「01.条件を満たしているデータを抽出したい」で解説した、IF関数と絡めて使用しています。

IF関数とISBLANK関数を使用して、指定したセルの内容が空白（TRUE）なら「欠席」と表示させています。それ以外（FALSE）の場合（点数が入力されている場合）は空白で表示されます。

画面2　D2の結果セルにISBLANK関数を指定した

	A	B	C	D	E	F
				f_x	=IF(ISBLANK(C2)=TRUE,"欠席","")	
1	氏名	科目	点数	結果		
2	薬師寺国安	英語	82	=IF(ISBLANK(C2)=TRUE,"欠席","")		
3	夏目団子	英語				
4	久利餡子	英語	94			
5	猿飛佐助	英語	66			
6	服部伴蔵	英語				
7	紫式部	英語				

画面2の状態から、Enterキーを押下すると、C2には点数が入力されていますので、「結果」のD2のセルは空白になります（画面3）。

画面3　「結果」のD2のセルは空白になる

D2	A	B	C	D	E	F
				f_x	=IF(ISBLANK(C2)=TRUE,"欠席","")	
1	氏名	科目	点数	結果		
2	薬師寺国安	英語	82			
3	夏目団子	英語				
4	久利餡子	英語	94			
5	猿飛佐助	英語	66			
6	服部伴蔵	英語				
7	紫式部	英語				

　オートフィルを使って、数式をD7までコピーすると、「点数」セルが空白の場合は、「結果」に「欠席」と表示されます（画面4）。

画面4　空白のセルには「欠席」と表示された

D2			f_x	=IF(ISBLANK(C2)=TRUE,"欠席","")	

	A	B	C	D	E	F
1	氏名	科目	点数	結果		
2	薬師寺国安	英語	82			
3	夏目団子	英語		欠席		
4	久利餡子	英語	94			
5	猿飛佐助	英語	66			
6	服部伴蔵	英語		欠席		
7	紫式部	英語		欠席		

ISBLANK関数では、セルの内容が空白かどうかをチェックできるよ

値がエラー値かどうかを
チェックしたい〜 ISERROR

 ISERROR関数の使い方

ISERROR関数を使うと、セルに入力されている値がエラー値かどうかを
チェックすることができます。

書式　ISERROR関数の書式

=ISERROR(テストの対象)

テストの対象には、エラー値がどうかを調べたい値を指定します（必須）。
エラー値であればTRUEを返し、そうでなければFALSEを返します。

画面1のような表があったとします。善玉コレステロール（HDL）と悪玉
コレステロール（LDL）の比率を求めた表です。ところどころエラー値が表
示されています。

画面1　善玉コレステロール（HDL）と
悪玉コレステロール（LDL）の比率を求めた表

	A	B	C	D	E
1	日付	HDL（善玉）	LDL（悪玉）	比率	結果
2	2022年1月5日	29	68	2.344828	
3	2022年2月2日	33	84	2.545455	
4	2022年3月4日	40	97	#NAME?	
5	2022年4月3日	39	89	2.282051	
6	2022年5月7日	35	89	#DIV/0!	

E2の「結果」セルに、

```
=IF(ISERROR(D2),"比率が不正です","")
```

と入力します（画面2）。

IF関数と絡めて使用しています。

D2の「比率」の値がエラー値なら「比率が不正です」と表示させ、エラー値でない場合は空白を表示させます。

画面2　E2の「結果」セルにISERROR関数を指定した

	A	B	C	D	E	F	G	H
				fx	=IF(ISERROR(D2),"比率が不正です","")			
1	日付	HDL（善玉）	LDL（悪玉）	比率	結果			
2	2022年1月5日	29	68	2.344828	=IF(ISERROR(D2),"比率が不正です","")			
3	2022年2月2日	33	84	2.545455				
4	2022年3月4日	40	97	#NAME?				
5	2022年4月3日	39	89	2.282051				
6	2022年5月7日	35	89	#DIV/0!				

画面2の状態から、Enterキーを押下すると、「結果」のセルに空白が表示されます。D2の「比率」のセルがエラー値ではないので空白が表示されます（画面3）。

**画面3　D2の「比率」のセルがエラー値ではないので
E2の「結果」セルには空白が表示された**

E2				fx	=IF(ISERROR(D2),"比率が不正です","")
	A	B	C	D	E
1	日付	HDL（善玉）	LDL（悪玉）	比率	結果
2	2022年1月5日	29	68	2.344828	
3	2022年2月2日	33	84	2.545455	
4	2022年3月4日	40	97	#NAME?	
5	2022年4月3日	39	89	2.282051	
6	2022年5月7日	35	89	#DIV/0!	

オートフィルを使って、E6まで数式をコピーすると、「結果」セルに、「比率」のセルが、エラー値があった場合はメッセージが表示され、それ以外は空白となります（画面4）。

画面4　エラー値にはメッセージが表示された

	A	B	C	D	E
E2	⌄ ⋮ ✕ ✓	fx	=IF(ISERROR(D2),"比率が不正です","")		
1	日付	HDL（善玉）	LDL（悪玉）	比率	結果
2	2022年1月5日	29	68	2.344828	
3	2022年2月2日	33	84	2.545455	
4	2022年3月4日	40	97	#NAME?	比率が不正です
5	2022年4月3日	39	89	2.282051	
6	2022年5月7日	35	89	#DIV/0!	比率が不正です

ISERROR関数では、表示されている値がエラー値かどうかをチェックできるよ

偶数かどうかをチェックしたい ～ ISEVEN

 ISEVEN関数の使い方

ISEVEN関数を使うと、入力されているデータが偶数かどうかをチェックすることができます。

> **書式　ISEVEN関数の書式**
>
> =ISEVEN(テストの対象)

テストの対象には、偶数か奇数かを調べる値を指定します(必須)。偶数ならTRUEを返し、奇数ならFALSEを返します。

画面1のような表があったとします。これは年賀状の「お年玉番号」です。この番号が偶数か奇数かを表示させてみましょう。

画面1　「お年玉番号」の入力された表

	A	B
1	お年玉番号	判定
2	899787	
3	850793	
4	562464	
5	456221	
6	944518	

B2の「判定」セルに、

```
=IF(ISEVEN(A2)=TRUE,"偶数","奇数")
```

と入力します(画面2)。

　ISEVEN関数は偶数ならTRUEを返し、奇数ならFALSEを返すので、IF
関数と絡めて使っています。

　IF関数を使って、「お年玉番号」の入力されているA2のセルの値が、
ISEVEN関数でTRUEを返せば、「偶数」、そうでない場合は「奇数」と表示
させます。

画面2　B2の「判定」セルにISEVEN関数を指定した

B2		: × √ *fx*	=IF(ISEVEN(A2)=TRUE,"偶数","奇数")			
	A	B	C	D	E	F
1	**お年玉番号**	**判定**				
2	899787	=IF(ISEVEN(A2)=TRUE,"偶数","奇数")				
3	850793					
4	562464					
5	456221					
6	944518					

　画面2の状態から、Enterキーを押下すると、B2の「判定」セルに、A2の
「お年玉番号」が「奇数」と表示されます(画面3)。

画面3　A2の「お年玉番号」が「奇数」と表示させた

B2		: × √ *fx*	=IF(ISEVEN(A2)=TRUE,"偶数","奇数")			
	A	B	C	D	E	F
1	**お年玉番号**	**判定**				
2	899787	奇数				
3	850793					
4	562464					
5	456221					
6	944518					

オートフィルを使って、B6まで数式をコピーすると、各「お年玉番号」が「偶数」か「奇数」かが表示されます（画面4）。

画面4　「お年玉番号」が「偶数」か「奇数」かが表示された

B2	⋁ ： ✕ ✓ fx	=IF(ISEVEN(A2)=TRUE,"偶数","奇数")

◢	A	B	C	D	E	F
1	**お年玉番号**	**判定**				
2	899787	奇数				
3	850793	奇数				
4	562464	偶数				
5	456221	奇数				
6	944518	偶数				

ISEVEN関数では、入力されている数値が、偶数かどうかをチェックできるよ

数値かどうかを知りたい ～ ISNUMBER

 ISNUMBER関数の使い方

ISNUMBER関数を使うと、入力されているデータが、数値かどうかをチェックすることができます。

書式　ISNUMBER関数の書式

=ISNUMBER(テストの対象)

テストの対象には、数値かどうかを調べたい値を指定します(必須)。数値ならTRUEを返し、それ以外ならFALSEを返します。

画面1のようなデータがあったとします。データ1とデータ2のセルがあり、データ1とデータ2の値が数値であれば、結果に数値を足した和を表示し、数値でない場合は、「計算できません」と表示させてみましょう。

画面1　データ1とデータ2と結果の表

	A	B	C
1	**データ1**	**データ2**	**結果**
2	265	334	
3	165	薬師寺	
4	2015	4589	
5	5689	32154	
6	夏目	団子	

C2の「結果」セルに、

=IF(AND(ISNUMBER(A2)=TRUE, ISNUMBER(B2)=TRUE),A2+B2,"計算できません")

と入力します（画面2）。

　IF関数と絡めて使用します。IF関数とISNUMBER関数を使用して、データ1とデータ2がともに数値であれば、A2+B2として和を求め、そうでない場合は「計算できません」と表示させます。AND演算子を使っていますが、

=IF(ISNUMBER(A2)=TRUE　AND ISNUMBER(B2)=TRUE,A2+B2,"計算できません")

という記述方式ではない点に注意してください。この記述ではエラーになります。先頭にAND演算子をもってきている点に留意してください。

画面2　C2の「結果」セルにISNUMBER関数を指定した

	fx	=IF(AND(ISNUMBER(A2)=TRUE,ISNUMBER(B2)=TRUE),A2+B2,"計算できません")							
	A	B	C	D	E	F	G	H	I	J
1	データ1	データ2	結果							
2	265	334	=IF(AND(ISNUMBER(A2)=TRUE,ISNUMBER(B2)=TRUE),A2+B2,"計算できません")							
3		165	薬師寺							
4	2015	4589								
5	5689	32154								
6	夏目	団子								

　画面2の状態から、Enterキーを押下すると、「データ1」のA2と「データ2」のB2のセル内には数値が入っていますので、「結果」のC2のセルにはA2+B2の「和」が表示されます（画面3）。

画面3　「結果」のC2のセルに数値の「和」が表示された

C2	fx	=IF(AND(ISNUMBER(A2)=TRUE,ISNUMBER(B2)=TRUE),A2+B2,"計算できません")							
	A	B	C	D	E	F	G	H	I	J
1	データ1	データ2	結果							
2	265	334	599							
3		165	薬師寺							
4	2015	4589								
5	5689	32154								
6	夏目	団子								

オートフィルを使って、C6まで数式をコピーすると、「結果」セル内に数値の「和」と「計算できません」が表示されます（画面4）。データが数値と文字列、または文字列同士の場合は「計算できません」と表示されています。

画面4　「結果」セルに値が表示された

	C2		⌄	:	×	✓	f_x	=IF(AND(ISNUMBER(A2)=TRUE,ISNUMBER(B2)=TRUE),A2+B2,"計算できません")			

	A	B	C	D	E	F	G	H	I	J
1	データ1	データ2	結果							
2	265	334	599							
3	165	薬師寺	計算できません							
4	2015	4589	6604							
5	5689	32154	37843							
6	夏目	団子	計算できません							

ISNUMBER関数では、入力されている値が、数値かどうかをチェックできるよ

文字列かどうかを知りたい ～ ISTEXT

 ## ISTEXT関数の使い方

ISTEXT関数を使うと、入力されているデータが、文字列であるかどうかをチェックすることができます。

書式　ISTEXT関数の書式

=ISTEXT(テストの対象)

テストの対象には、文字列かどうかを調べる値を入力します（必須）。文字列ならTRUEを返し、そうでなければFALSEを返します。

画面1のような表があったとします。データ1とデータ2と結果セルがあります。データ1とデータ2の両方のデータが文字列の場合は、「結果」セルに2つの文字列を連結して表示します。そうでない場合は、「表示できません」と表示させてみます。

画面1　文字列と数値の混在した表

	A	B	C
1	データ1	データ2	結果
2	薬師寺	国安	
3	165	夏目	
4	2015	4589	
5	服部	32154	
6	猿飛	佐助	

C2の「結果」セルに、

=IF(AND(ISTEXT(A2)=TRUE,ISTEXT(B2)=TRUE),A2&B2,"表示できません")

と入力します(画面2)。

IF関数と絡めて使用します。IF関数とISTEXT関数を使用して、データ1とデータ2がともに文字列(TRUE)であれば、A2&B2として文字列を連結して表示させ、そうでない(FALSE)場合は「表示できません」と表示させます。今回も、AND演算子を使っていますが、先頭にAND演算子をもってきている点に留意してください。

画面2　C2の「結果」セルにISTEXT関数を指定した

C2		: × ✓ fx	=IF(AND(ISTEXT(A2)=TRUE,ISTEXT(B2)=TRUE),A2&B2,"表示できません")					
	A	B	C	D	E	F	G	H	I
1	データ1	データ2	結果					
2	薬師寺	国安	=IF(AND(ISTEXT(A2)=TRUE,ISTEXT(B2)=TRUE),A2&B2,"表示できません")					
3	165	夏目						
4	2015	4589						
5	服部	32154						
6	猿飛	佐助						

画面2の状態から、[Enter]キーを押下すると、データ1のA2とデータ2のB2のセル内には文字列が入っていますので、結果のC2のセルにはA2&B2で、文字列が連結して表示されます(画面3)。

画面3　「結果」のC2のセルに文字列が連結して表示された

C2		: × ✓ fx	=IF(AND(ISTEXT(A2)=TRUE,ISTEXT(B2)=TRUE),A2&B2,"表示できません")					
	A	B	C	D	E	F	G	H	I
1	データ1	データ2	結果					
2	薬師寺	国安	薬師寺国安					
3	165	夏目						
4	2015	4589						
5	服部	32154						
6	猿飛	佐助						

　オートフィルを使って、C6まで数式をコピーすると、結果セル内に文字列の連結と「表示できません」が表示されます（画面4）。データが数値と文字列、または数値同士の場合は、「表示できません」と表示されています。

画面4　「結果」セルに値が表示された

| C2 | : × ✓ fx | =IF(AND(ISTEXT(A2)=TRUE,ISTEXT(B2)=TRUE),A2&B2,"表示できません") |

	A	B	C	D	E	F	G	H	I
1	データ1	データ2	結果						
2	薬師寺	国安	薬師寺国安						
3	165	夏目	表示できません						
4	2015	4589	表示できません						
5	服部	32154	表示できません						
6	猿飛	佐助	猿飛佐助						

ISTEXT関数では、入力
されている値が、文字列
かどうかをチェックでき
るよ

文字列以外のデータかどうか を知りたい〜 ISNONTEXT

 ISNONTEXT 関数の使い方

ISNONTEXT 関数を使うと、入力されているデータが、文字列以外の データかどうかをチェックすることができます。

書式　ISNONTEXT関数の書式

=ISNONTEXT(テストの対象)

テストの対象には、テストする値を指定します。値が文字列でなければ TRUEを返し、文字列ならFALSEを返します。前節の「06.文字列かどうか を知りたい」のISTEXT関数とは真逆の関数になります。

画面1のような表があったとします。「データ1」と「データ2」が文字列 でなければ、その和を求め、文字列なら「表示できません」と表示させてみ ます。

画面1　「文字列以外」のデータと「文字列」のデータの入力された表

	A	B	C
1	**データ1**	**データ2**	**結果**
2	薬師寺	国安	
3	256400	123500	
4	2015	4589	
5	服部	32154	
6	300000	50000	

C2の「結果」のセルに、

=IF(AND(ISNONTEXT(A2)=TRUE,ISNONTEXT(B2)=TRUE),A2+B3,
"表示できません")

と入力します（画面2）。

データ1（A2）とデータ2（B2）が文字列でなければ、和（A2+A3）を求め、それ以外は、「表示できません」と表示します。IF関数と絡めて使用します。今回もAND演算子を使用しています。先頭にAND演算子を持ってきている点に留意してください。

画面2　C2の「結果」セルにISNONTEXT関数を指定した

	A	B	C	D	E	F	G	H	I	J	K
1	データ1	データ2	結果								
2	薬師寺	国安	=IF(AND(ISNONTEXT(A2)=TRUE,ISNONTEXT(B2)=TRUE),A2+B2,"表示できません")								
3	256400	123500									
4	2015	4589									
5	服部	32154									
6	300000	50000									

画面2の状態から、Enterキーを押下すると、「データ1（A2）」と「データ2（B2）」のセルには、文字列が入力されているため、「和」を求めることはできませんので、「表示できません」と表示されます（画面3）。

画面3　C2の「結果」セルに「表示できません」と表示された

	A	B	C	D	E	F	G	H	I	J
1	データ1	データ2	結果							
2	薬師寺	国安	表示できません							
3	256400	123500								
4	2015	4589								
5	服部	32154								
6	300000	50000								

オートフィルを使って、C6まで数式をコピーすると、「結果」セル内に、入力されているデータが数値であれば（文字列でない場合）、数値同士の「和」が表示され、文字列のデータであれば「表示できません」と表示されます（画面4）。

画面4 「結果」セルに値が表示された

| C2 | ⌄ | : × ✓ fx | =IF(AND(ISNONTEXT(A2)=TRUE,ISNONTEXT(B2)=TRUE),A2+B2,"表示できません") |

	A	B	C	D	E	F	G	H	I	J
1	データ1	データ2	結果							
2	薬師寺	国安	表示できません							
3	256400	123500	379900							
4	2015	4589	6604							
5	服部	32154	表示できません							
6	300000	50000	350000							

ISNONTEXT関数では、入力されている値が、文字列以外の値かどうかをチェックできるよ

四捨五入、切り捨て、
切り上げ関数を
使いこなそう！

四捨五入して表示したい
～ ROUND

 ROUND関数の使い方

ROUND関数を使うと、数値データを四捨五入して表示することができます。

書式　ROUND関数の書式

=ROUND(数値, 桁数)

数値には四捨五入したい数値を指定します（必須）。桁数には、四捨五入する桁数（N）を指定します（必須）。N（正の数）は小数点第N+1位で四捨五入、負の数は整数部分第N位で四捨五入します。0を指定すると小数点以下全て切り上げられます。

画面1のようなデータがあったとします。数値が入力されたデータと「四捨五入」セルがあるだけです。

画面1　「データ」と「四捨五入」のセルがある表

	A	B
1	データ	四捨五入
2	7582.228	
3	7582.228	

B2の「四捨五入」のセルに、

```
=ROUND(A2,1)
```

と指定します（画面2）。

　数値には「データ」のセルA2を指定します。桁数には「1」を指定して、小数点以下第二位を四捨五入しています。小数点以下第二位で四捨五入して、四捨五入された桁数である、小数点以下第一位を表示します。

画面2　B2の「四捨五入」セルにROUND関数を指定した

　画面2の状態から、Enterキーを押下すると、「四捨五入」のセルに、「データ」に入力されていたA2の値が、小数点第二位で四捨五入され、桁数である小数点以下第一位で表示されます（画面3）。

画面3　小数点第二位で四捨五入された、桁数が小数点以下第一位の値が表示された

	A	B	C	D
1	データ	四捨五入		
2	7582.228	7582.2		
3	7582.228			

（数式バー：B2　=ROUND(A2,1)）

　次にB3のセルに、

```
=ROUND(A3,-2)
```

と入力します。

桁数に今回は、負の値-2を指定していますので、整数部分の第2位で四捨五入されます。

桁数に「-2」を指定して、10の位の値で、100の位を四捨五入しています。

すると、画面4のように、100の位が四捨五入されて表示されます。

画面4　100の位を四捨五入した

B3		✕ ✓ *fx*	=ROUND(A3,-2)	
▲	A	B	C	D
1	**データ**	**四捨五入**		
2	7582.228	7582.2		
3	7582.228	7600		

ROUND関数では、データを指定した桁数で四捨五入できるよ

四捨五入した後、文字列に変換して表示したい〜 FIXED

 FIXED関数の使い方

FIXED関数を使うと、数値データを四捨五入した後、文字列に変換して表示することができます。

書式　FIXED関数の書式

=FIXED(数値,桁数,桁区切り)

数値には、四捨五入して文字列に変換する数値を指定します（必須）。桁数には、小数点以下の桁数を指定します（任意）。省略すると、2を指定したものとして処理されます。

桁区切りには、コンマで三桁区切りにするかどうかをTRUE（しない）、またはFALSE（する）で指定します。省略した場合はFALSE（する）で処理される（任意）。

画面1のような表があったとします。「データ」と四捨五入した結果だけを表示する表です。

画面1　「データ」と「四捨五入」の表

	A	B
1	データ	四捨五入
2	7582.228	

B2の「四捨五入」のセルに、

```
=FIXED(A2,-1,FALSE)
```

と入力します（画面2）。

　数値には「データ」セルのA2を指定します。桁数には、-1の負の数を指定して、整数部分の一の位の値で、十の位を四捨五入させます。桁区切りには、コンマ区切りで表示させるFALSEを指定します。FALSEは省略可ですが、ここでは指定しています。

画面2　B2の「四捨五入」のセルにFIXED関数を指定した

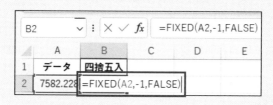

　画面2の状態から、Enterキーを押下すると、「四捨五入」のB2のセルに、十の位が四捨五入され、コンマ区切りで表示された値が表示されます（画面3）。

画面3　十の位が四捨五入され、コンマ区切りで表示された値が表示された

> FIXED関数では、数値
> データを、指定した桁数
> で四捨五入し、その後文
> 字列に変換できるよ

四捨五入した後、通貨形式で表示したい〜 YEN

YEN関数の使い方

YEN関数を使うと、数値データを四捨五入した後、通貨形式で表示することができます。

書式　YEN関数の書式

=YEN(数値,桁数)

数値には、通貨記号(¥)を付けた文字列に変換する数値を指定します(必須)。桁数には、四捨五入する桁数を指定します。正の整数を指定した場合は、小数点以下の指定した桁数で四捨五入します。負の整数を指定した場合は、小数点以上の桁数(整数部分)を四捨五入します。「0」を指定した場合は小数点以下を四捨五入します(必須)。

画面1のような表があったとします。「データ」と「円表示」というセルがあります。

画面1　「データ」と「円表示」の表

	A	B
1	データ	円表示
2	12500	
3	106.25	

B2の「円表示」のセルに、

```
=YEN(A2,0)
```

と入力します（画面2）。

　数値には「データ」のA2のセルを指定します。桁数には0を指定していま
す。「0」を指定した場合は小数点以下を四捨五入しますが、今回のA2のセ
ルのデータには小数点以下がありませんので、四捨五入は行われません。

画面2　B2の「円表示」のセルにYEN関数を指定した

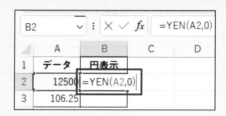

　画面2の状態から、[Enter]キーを押下すると、「円表示」のB2のセルに、
「データ」の値が通貨形式で表示されます（画面3）。

画面3　通貨形式で表示された

　次に、B3の「円表示」のセルに、

```
=YEN(A3,-1)
```

と入力します。

　桁数には、-1と指定して、整数部分の一の位の値で、十の位を四捨五入
させます。

　すると画面4のように、十の位で四捨五入されて、通貨形式で表示され
ます。

画面4　十の位で四捨五入され、通貨形式で表示された

| B3 | | ✓ | : | × | ✓ | f_x | =YEN(A3,-1) |

	A	B	C	D
1	データ	円表示		
2	12500	¥12,500		
3	106.25	¥110		

YEN関数では、数値
データを、指定した桁数
で四捨五入した後、通貨
形式で表示できるよ

指定した桁数で切り捨てて表示したい〜 ROUNDDOWN

 ROUNDDOWN関数の使い方

ROUNDDOWN関数を使うと、数値データを指定した桁数で切り捨てて表示することができます。

書式　ROUNDDOWN関数の書式

=ROUNDDOWN（数値, 桁数）

数値には、切り捨てたい数値を指定します（必須）。桁数には、切り捨てを行う桁数を指定します。正の数は小数点、負の数は整数部分を切り捨てます（必須）。「0」を指定すると小数点以下全てを切り捨てます。

画面1のような表があったとします。「データ」と「桁数」と「結果」というセルがあります。

画面1　「データ」と「桁数」と「結果」の表

	A	B	C
1	データ	桁数	結果
2	125.35	0	
3	65.25648	4	
4	164578	-2	

C2の「結果」セルに、

```
=ROUNDDOWN(A2,B2)
```

と入力します（画面2）。

　数値には「データ」セルのA2を指定します。桁数には「桁数」セルのB2を指定します。「桁数」セルのB2には0と指定されていますので、小数点以下は全て切り捨てられます。

画面2　C2の「結果」セルにROUNDDOWN関数を指定した

B2	⌄	:	×	✓	*fx*	=ROUNDDOWN(A2,B2)

◢	A	B	C	D	E
1	データ	桁数	結果		
2	125.35	0	=ROUNDDOWN(A2,B2)		
3	65.25648	4			
4	164578	-2			

　画面2の状態から、Enterキーを押下すると、C2の「結果」セルにA2の「データ」セルに入っていた値が、小数点以下を切り捨てて表示されます（画面3）。

画面3　小数点以下が切り捨てて表示された

C2	⌄	:	×	✓	*fx*	=ROUNDDOWN(A2,B2)

◢	A	B	C	D	E
1	データ	桁数	結果		
2	125.35	0	125		
3	65.25648	4			
4	164578	-2			

　残りの、C3のセルには、

```
=ROUNDDOWN(A3,B3)
```

と入力します。

小数点以下4桁以降が切り捨てられます。

C4のセルには、

```
=ROUNDDOWN(A4,B4)
```

と入力します。

負の値-2の桁数を指定していますので、整数部分の、十の位以下が切り捨てられます。

ここでは、C3とC4にROUNDDOWN関数を入力していますが、オートフィルを使って、C4まで数式をコピーしても構いません。入力した値が明確にわかるよう、今回は入力した形で解説しています。

画面4のような表示になります。

画面4 「桁数」で切り捨てられた値が「結果」に表示された

C2	⌄	:	✕ ✓ fx	=ROUNDDOWN(A2,B2)

◢	A	B	C	D	E
1	データ	桁数	結果		
2	125.35	0	125		
3	65.25648	4	65.2564		
4	164578	-2	164500		

ROUNDDOWN関数では、データを指定した桁数で切り捨てることができるよ

指定した桁数で切り上げて表示したい〜 ROUNDUP

 ROUNDUP 関数の使い方

ROUNDUP関数を使うと、数値データを指定した桁数で切り上げて表示することができます。

書式　ROUNDUP関数の書式

=ROUNDUP(数値,桁数)

数値には、切り上げたい数値を指定します（必須）。桁数には、切り上げる桁数を指定します。正の整数を指定した場合は、小数点以下の指定した桁数で切り上げられます。負の整数を指定した場合は、小数点以上の桁数（整数部分）で切り上げられます。「0」を指定した場合は小数点以下が全て切り上げとなります（必須）。

ROUNDUP関数は、本章「01.四捨五入して表示したい」で解説したROUND関数に似ていますが、ROUND関数では、数値が指定した桁数で四捨五入されますが、ROUNDUP関数は、常に数値が切り上げられる点が異なります。

画面1のような表があったとします。「データ」と「結果」のセルが用意された表です。

	A	B
1	**データ**	**結果**
2	128.25	
3	36.1258	
4	13245.589	

B2の「結果」セルに、

```
=ROUNDUP(A2,1)
```

と入力します（画面2）。

　数値にはA2のセルを指定します。桁数には正の数の1を指定していますので、小数点以下第一位が切り上がります。

画面2　B2の「結果」セルにROUNDUP関数を指定した

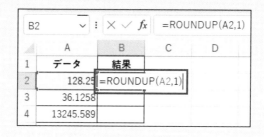

　画面2の状態から、Enterキーを押下すると、B2の「結果」セルに、小数点以下第一位が切り上がった数値が表示されます（画面3）。

画面3　指定した「桁数」で切り上げた数値が表示された

	A	B	C	D
	B2	▼ : × ✓ fx	=ROUNDUP(A2,1)	
1	データ	結果		
2	128.25	128.3		
3	36.1258			
4	13245.589			

同様に、B3のセルには、

=ROUNDUP(A3,2)

と入力します。

桁数に2を指定していますので、小数点以下第二位が切り上がります。

B4のセルには、

=ROUNDUP(A4,-2)

と指定します。

桁数には-2と負の値を指定していますので、小数点以上の桁数（整数部分）が切り上げられ、この場合は、百の位が切り上げられています。

画面4のような表示になります。

画面4　それぞれの指定した「桁数」で切り上げられた

	A	B	C
	B2	▼ : × ✓ fx	=ROUNDUP(A2,1)
1	データ	結果	
2	128.25	128.3	
3	36.1258	36.13	
4	13245.589	13300	

ROUNDUP関数では、データを指定した桁数で切り上げることができるよ

Chapter 06

小数点以下を切り捨てて 整数で表示したい〜 INT

 INT関数の使い方

INT関数を使うと、データの小数点以下を切り捨てて整数で表示することができます。

書式　INT関数の書式

```
=INT(数値)
```

数値には、小数点以下を切り捨てたい数値を指定します(必須)。

画面1のようなデータがあったとします。数値が入力された「データ」と「結果」セルがあります。

画面1　「データ」と「結果」の表

	A	B
1	**データ**	結果
2	128.25	
3	36.1258	
4	13245.59	

B2の「結果」セルに、

```
=INT(A2)
```

と入力します（画面2）。

A2は「データ」セルの値です。

画面2 B2の「結果」セルにINT関数を指定した

A2		fx	=INT(A2)
	A	B	C	D
1	データ	結果		
2	128.25	=INT(A2)		
3	36.1258			
4	13245.59			

画面2の状態から、Enterキーを押下すると、「結果」セルのA2に、小数点以下が切り捨てられた値が表示されます（画面3）。

画面3 小数点以下が切り捨てられた値が表示された

B2		fx	=INT(A2)
	A	B	C	D
1	データ	結果		
2	128.25	128		
3	36.1258			
4	13245.59			

オートフィルを使って、B4まで数式をコピーすると、全ての「データ」に入力されている値の、小数点以下が切り捨てて表示されます（画面4）。

画面4 全ての「データ」の値の小数点以下が切り捨てて表示された

B2		fx	=INT(A2)
	A	B	C	D
1	データ	結果		
2	128.25	128		
3	36.1258	36		
4	13245.59	13245		

INT関数では、データの
小数点以下を切り捨てて
整数で表示できるよ

切り捨ての基準値を指定して 切り捨てて表示したい ～ FLOOR

 FLOOR関数の使い方

　FLOOR関数を使うと、何円以下を切り捨てて表示したい、といった場合に、切り捨てたいときの基準となる数値を指定して、切り捨てた結果の数値を表示することができます。

書式　FLOOR関数の書式

=FLOOR(数値,基準値)

　数値には、対象となる数値を指定します（必須）。基準値には、切り捨てたいときの基準となる数値を指定します（必須）。

　画面1のような表があったとします。「商品名」と「価格」と「値下げ価格」のセルがあります。

画面1　「商品名」と「価格」と「値下げ価格」の表

	A	B	C
1	商品名	価格	値下げ価格
2	ノートパソコン	253800	
3	デスクトップパソコン	197500	
4	HoloLens	423800	
5	KINECT	25400	

　C2の「値下げ価格」のセルに、

```
=FLOOR(B2,1000)
```

と入力します（画面2）。

数値には「価格」のB2のセルを指定します。基準値には1000を指定して、1000円未満を切り捨てます。

画面2　C2の「値下げ価格」のセルにFLOOR関数を指定した

C2	∨ : ✕ ✓ *fx*	=FLOOR(B2,1000)	

	A	B	C	D
1	商品名	価格	値下げ価格	
2	ノートパソコン	253800	=FLOOR(B2,1000)	
3	デスクトップパソコン	197500		
4	HoloLens	423800		
5	KINECT	25400		

画面2の状態から、Enterキーを押下すると、C2の「値下げ価格」のセルに1000円未満を切り捨てた金額が表示されます（画面3）。

画面3　「値下げ価格」のC2のセルに、
1000円未満が切り捨てられた金額が表示された

C2	∨ : ✕ ✓ *fx*	=FLOOR(B2,1000)

	A	B	C
1	商品名	価格	値下げ価格
2	ノートパソコン	253800	253000
3	デスクトップパソコン	197500	
4	HoloLens	423800	
5	KINECT	25400	

オートフィルを使って、C5まで数式をコピーすると、全ての「価格」が、1000円未満が切り捨てて表示されます（画面4）。

画面4　全ての「価格」の1000円未満が切り捨てて表示された

	A	B	C
	C2 ∨ ⋮ × ✓ *fx*	=FLOOR(B2,1000)	
1	**商品名**	**価格**	**値下げ価格**
2	ノートパソコン	253800	253000
3	デスクトップパソコン	197500	197000
4	HoloLens	423800	423000
5	KINECT	25400	25000

FLOOR関数では、切り
捨てる基準となる数値を
指定して、切り捨てた結
果の数値を表示できるよ

Chapter

07

順位関数を
使いこなそう！

数値データから指定した順位（小さい順位）のデータを求めたい〜 SMALL

 SMALL関数の使い方

SMALL関数を使うと、数値データから、順位が小さい順にデータを取り出すことできます。

書式 SMALL関数の書式

=SMALL(配列, 順位)

配列には、抽出の対象となるセル範囲または配列を指定します（必須）。空白のセルは無視されます。順位には、抽出する値の小さいほうからの順位を数値で指定します（必須）。

画面1のようなデータがあったとします。科目別の平均点が入力されています。指定した順位で、平均点の低い点数を表示する「順位（低い）」と「結果」セルを用意しています。「順位（低い）」のセルには3と入力して、3番目に平均点の低い科目の点数を「結果」セルに表示させるようにしています。

B11の「結果」セルに、

画面1 「科目」と「平均点」のデータと、「順位（低い）」、「結果」セルがある表

	A	B
1	科目	平均点
2	数学	78
3	国語	85
4	英語	81
5	情報	73
6	化学	66
7	生物	63
8	地理	59
10	順位 （低い）	3
11	結果	

```
=SMALL(B2:B8,B10)
```

と入力します（画面2）。

「配列」には「平均点」のB2:B8のセル範囲を指定します。「順位」には「順位（低い）」のセルB10に入力されている3の値を指定しています。

「順位（低い）」に「3」を入力して、「3番目」に平均点の低い点数を取得しています。

画面2　B11の「結果」セルにSMALL関数を指定した

	A	B	C
1	科目	平均点	
2	数学	78	
6	化学	66	
7	生物	63	
8	地理	59	
10	順位（低い）	3	
11	結果	=SMALL(B2:B8,B10)	

画面2の状態から、Enterキーを押下すると、「平均点」のなかで3番目に悪い点数が表示されます（画面3）。

画面3　「平均点」のなかで3番目に悪い点数が表示された

B11	✓ fx	=SMALL(B2:B8,B10)		
	A	B	C	D
1	科目	平均点		
2	数学	78		
3	国語	85		
4	英語	81		
5	情報	73		
6	化学	66		
7	生物	63		
8	地理	59		
10	順位（低い）	3		
11	結果	66		

SMALL関数では、数値データから、順位が小さい順にデータを取り出すことできるよ

数値データから指定した順位（大きい順位）のデータを求めたい〜 LARGE

LARGE関数の使い方

LARGE関数を使うと、数値データから、順位が大きい順にデータを取り出すことできます。

書式 LARGE関数の書式

=LARGE(配列, 順位)

配列には、抽出の対象となるセル範囲または配列を指定します（必須）。空白のセルは無視されます。順位には、抽出する値の大きいほうからの順位を数値で指定します（必須）。

画面1のようなデータがあったとします。科目別の平均点が入力されています。指定した順位で、平均点の高い点数を表示する「順位（高い）」と「結果」セルを用意しています。「順位（高い）」のセルには3と入力して、3番目に平均点の高い科目の点数を「結果」セルに表示させるようにしています。

B11の「結果」セルに、

画面1 「科目」と「平均点」のデータと、「順位（高い）」、「結果」セルがある表

	A	B
1	科目	平均点
2	数学	78
3	国語	85
4	英語	81
5	情報	73
6	化学	66
7	生物	63
8	地理	59
10	順位（高い）	3
11	結果	

```
=LARGE(B2:B8,B10)
```

と入力します（画面2）。

「配列」には「平均点」のB2:B8のセル範囲を指定します。「順位」には「順位（高い）」のセルB10に入力されている3の値を指定しています。

「順位（高い）」に「3」を入力して、「3番目」に平均点の高い点数を取得しています。先に解説したSMALL関数とは真逆の関数になります。

画面2　B11の「結果」セルにLARGE関数を指定した

B10	⌄	：	× ✓ *fx*	=LARGE(B2:B8,B10)

	A	B	C	D
1	科目	平均点		
2	数学	78		
3	国語	85		
4	英語	81		
5	情報	73		
6	化学	66		
7	生物	63		
8	地理	59		
10	順位（高い）	3		
11	結果	=LARGE(B2:B8,B10)		

画面2の状態から、Enterキーを押下すると、「平均点」のなかで3番目に高い点数が表示されます（画面3）。

画面3　「平均点」のなかで3番目に高い点数が表示された

B11	⌄	：	× ✓ *fx*	=LARGE(B2:B8,B10)

	A	B	C	D
1	科目	平均点		
2	数学	78		
3	国語	85		
4	英語	81		
5	情報	73		
6	化学	66		
7	生物	63		
8	地理	59		
10	順位（高い）	3		
11	結果	78		

LARGE関数では、数値データから、順位が大きい順にデータを取り出すことできるよ

数値データの順位を求めたい ～ RANK

 RANK関数の使い方

RANK関数を使うと、指定した数値データの順位を求めることができます。

=RANK(数値, 範囲, 順位)

数値には、順位を求めたい数値を指定します（必須）。範囲には、数値全体が入力されているセルの範囲を指定します（必須）。文字列、論理値、空白セルは無視されます。順位には、「降順（0または省略）」か「昇順（1または0以外）」を指定します（任意）。

画面1のような表があったとします。「科目」と「平均点」と「順位」というセルのある表です。

画面1　「科目」と「平均点」と「順位」の表

	A	B	C
1	科目	平均点	順位
2	数学	78	
3	国語	85	
4	英語	81	
5	情報	73	
6	化学	66	
7	生物	63	
8	地理	59	

C2の「順位」セルに、

```
=RANK(B2,$B$2:$B$8,0)
```

と入力します（画面2）。

　数値には、まずは「平均点」のB2のセルだけを指定しておきます。B2の平均点が、「平均点」の中で何位になるかの順位が振られます。

　範囲には「平均点」のセル範囲を指定しますが、セル範囲が変更されないように絶対参照としておきます。オートフィルを使って、C8まで数式をコピーした際に、絶対参照にしておかなければ「平均点」のセル範囲が変更されてしまいます。

　順位に「0」を指定しているので、「降順」で順位が振られます。

画面2　C2の「順位」セルにRANK関数を指定した

C2	: × ✓ *fx*	=RANK(B2,$B$2:$B$8,0)		
	A	B	C	D	E
1	科目	平均点	順位		
2	数学	78	=RANK(B2,$B$2:$B$8,0)		
3	国語	85			
4	英語	81			
5	情報	73			
6	化学	66			
7	生物	63			
8	地理	59			

　画面2の状態から、Enterキーを押下すると、B2の平均点が、「平均点」の中で何位になるかの順位がC2の「順位」セルに表示されます（画面3）。

| C2 | ∨ | : × ✓ fx | =RANK(B2,$B$2:$B$8,0) |

	A	B	C	D	E
1	科目	平均点	順位		
2	数学	78	3		
3	国語	85			
4	英語	81			
5	情報	73			
6	化学	66			
7	生物	63			
8	地理	59			

　オートフィルを使って、C8まで数式をコピーすると、「順位」に「0」を指定しているので、「降順」で順位が振られます（画面4）。

画面4　「降順」で順位が振られた

| C2 | ∨ | : × ✓ fx | =RANK(B2,$B$2:$B$8,0) |

	A	B	C	D	E
1	科目	平均点	順位		
2	数学	78	3		
3	国語	85	1		
4	英語	81	2		
5	情報	73	4		
6	化学	66	5		
7	生物	63	6		
8	地理	59	7		

RANK関数では、指定
した数値データの順位を
求めることができるよ

索引

著者略歴

薬師寺　国安（やくしじ　くにやす）

　事務系のサラリーマンだった 40 歳から趣味でプログラミングを始め、1996 年より独学で ActiveX に取り組む。1997 年に薬師寺聖とコラボレーション・ユニット「PROJECT KySS」を結成。2003 年よりフリーになり、PROJECT KySS の活動に本格的に参加。.NET や RIA に関する書籍や記事を多数執筆する傍ら、受託案件のプログラミングも手掛ける。2013 年よりソロで活動するようになり、現在は Scratch、Unity、AR、Excel VBA について執筆活動中。
Microsoft MVP for Development Platforms-Windows Platform Development（Oct 2003-Sep 2015）

カバーイラスト　mammoth.

図解！
Excel関数の
ツボとコツがゼッタイにわかる本

発行日　2023年　4月　1日　　　　第1版第1刷

著　者　薬師寺　国安

発行者　斉藤　和邦
発行所　株式会社　秀和システム
　　　　〒135-0016
　　　　東京都江東区東陽2-4-2　新宮ビル2F
　　　　Tel 03-6264-3105（販売）　　Fax 03-6264-3094
印刷所　三松堂印刷株式会社

©2023 Kuniyasu Yakushiji　　　　　　　　Printed in Japan

ISBN978-4-7980-6938-8 C3055